정의로운
건설을
말하다

정의로운 건설을 말하다

한국 건설산업의 현실과 과제

신영철 지음

한스컨텐츠

왜 이 글을 쓰는가

우리나라는 비정상이다. 건설산업은 더 비정상이다. 절대다수인 건설노동자를 위한 나라라는 생각이 거의 들지 않는다. 경쟁을 통해 역량을 키워야 할 영리법인에게는 경쟁방식이 적용되지 않고, 보호해줘야 할 개별 건설노동자에게는 치열한 경쟁을 시킨다. 때문에 정치권에서 비롯된 '비정상의 정상화'란 화두가 반가워진 현 실상이 안타깝다.

스스로 질문해본다. 하필 내가 왜 이 글을 쓸까. 글재주는 더군다나 없는데 말이다.

예전엔 건설 관련 전문가란 사람들이 우리나라 건설노동자 실태를 잘 알고 있을 것이라고 생각한 적이 있었다. 다수를 차지하는 건설노동자의 실태조차 모르면서 전문가 행세를 한다는 것은 있을 수 없다는 생각에서였다. 그래서 무수한 전문가가 근본 해결책은 알지만 자신들이 속한 조직과 개인적 안위 때문에 용기 있게 주장하지 못할 뿐이라고 애써 위안을 해봤다. 안타깝게도 실상은 그렇지 않다는 걸 많은 시간이 지나서야 확신하게 됐다. 우리나라 건설산업에 대해 전문가라고 자처하는 사람들이 내놓는 여러 주장을 접하면서, 이 사람들은 우리나라 건설산업의 실상을 잘 모르고 있을뿐더러 무엇이 근본적 문제인지조차 모르고 있다는 결론에 이르게 됐다.

왜일까.

정책 관료, 정치인, 교수, 박사, 기술사, 건축사 등 그들이 건설노동자의 삶에 대해 단 한 번이라도 진지하게 고민했다면 지금 우리나라 건설산업이 이렇게 망가지지는 않았을 것이다. 일부 진보인사라고 표방하는 사람들 또한 마찬가지다. 입으로는 건설노동자를 위한다고 떠들지만, 그 원인이 어디서부터, 언제부터 발생했는지에 대해 전혀 고민한 흔적이 없다. 그러니 제대로 된 대책이 나올 리 없다. 건설산업의 문제가 대기업 때문에 생긴 걸까. 대기업이 나쁘다고만 주장하면 모든 게 해결될까. 그렇게 단순한 문제가 아니다. 건설산업은 무작정 상대방만 욕해서는 결코 해결되지 않는다. 대기업을 모든 문제의 근원으로 보는 사람들에게는 미안하지만, 건설산업은 담합 문제를 뺀다면 대기업이 더 우수한 측면이 많다. 문제해결능력이 높기에 국제경쟁력에서 상대적으로 유리하다는 것을 인정하지 않을 수 없다.

건설산업은 이해당사자가 많고 복잡하게 얽혀 있다. 어느 하나의 문제점만 들여다보면서 과잉 이득을 취하는 한 집단의 양보만 받아내면 문제가 쉽게 해결될 수 있을 것처럼 대다수가 생각한다. 하지만, 정작 해결책을 찾다 보면 전혀 예기치 못한 이해관계자들이 튀어나오고, 기존의 삐뚤어진 체계 때문에 해당 문제가 금방 해결되기 어렵다는 결론에 다다르기 일쑤다. 이해당사자가 많기 때문에 자연스럽게 각종 제도와 규제도 더욱 복잡해진다. 어찌 보면 힘 있는 집단에서 문제를 복잡하게 만들었는지도 모를 일이다. 그 밖에도 건설사업에는 엄청난 이권이 숨어 있어 온갖 규제와 감시 규정을 갖다 놓아도 부패가 끊이지 않는다. 건축물 인·허가, 선분양 특혜, 분양가 폭리, 토지 강제 수용, 공시지가, 공공공사 입·낙찰 제도, 입찰담합, 공사비 적산 제도, 민자사업, 불공정 하도급거래, 안전사고, 체불, 고령화, 외국인 노동자, 건설기계 수급 조절 등 산업 관련 종사자도 다 꿰기 어려운 주제들로 흘러넘친다. 연간 건설공사 기성액 규모가 200조 원 정도가 되다 보니 그 복마전은 오죽할까.

우리나라 공조직이 건설노동자의 밑바닥 삶을 전혀 모르지는 않을 것이다. 특히 대형 발주기관인 공조직은 이익집단인 건설업체보다 건설노동자의 삶을 더 잘 알아야 한다. 이들 공조직은 안정적인 법 테두리 내에서 노동조합을 조직하고, 민주노총이나 한국노총 등의 상급 노동조직에서 가장 큰 지분을 보유하고 있다. 문제는 이들 공조직 직원이 우리나라 건설노동자의 실상을 피상적으로만 접근할 뿐, 적확한 대책이나 심도 있는 논의를 하지 않는다는 점이다. 공무원이나 공기업 임직원 같은 공직자들에게 직접시공 정상화와 적정임금제 도입이 매우 중요하다고 말하면, 잘 모른다거나 현실적으로 적용하기 어렵다는 답변만 되돌아온다. 그들의 논거는 건설업계의 주장과 거의 다르지 않다. 지난 수십 년간 수많은 건설공사를 집행해온 공조직 발주기관이 불공정 하도급 행위, 건설노동자의 착취 및 임금체불 등에 대해서 모른다고 생각지 않는다. 알면서도 방치하고 있고, 대책을 마련해야 할 지위임에도 묵인하고 있다는 것을 시간이 지나서야 경험적으로 알게 됐다. 영리법인인 건설업체에 대해서는 적정공사비를 못 줘 안달이다. 정치권 또한 마찬가지다. 반면 가장 보호받아야 할 하층집단인 건설노동자에 대한 소외는 도를 넘고 있다. 하지만 공조직은 아무런 역할을 하지 않고 있으며, 공공노조 또한 입을 닫고 있다. 이들에게 하층집단을 위한 행동을 요구한다는 것 자체가 공허한 이상이 되었다. 오히려 비정상을 조장했거나 묵인해온 집단들이 정상화를 외치는 비정상의 대한민국이다.

원도급업체에게 공사비를 많이 책정해주면 그 돈들이 소비주체인 건설노동자나 장비운전원에게 제대로 전달될까. 건설 대기업이 수행하는 건설현장에서도 왜 졸렬한 수준의 임금체불이 끊이지 않는 걸까. 노동여건이 열악한 하도급업체 직원들은 왜 노동조합을 만들지 못할까. 상층부 공공노조는 불공정 하도급거래를 정말 몰라서 방치할까. 건설노동자의 낮은 임금마저 체불되고 있는데도 왜 아무런 대책을 내놓지 못할까. 적정임금 논의에는 왜 침묵하는 걸까, 고민을 하기는 했는가. 아니면 고민을 했는데도 해답을 못 찾는 걸까. 영리법인인 건설업체에게는 적정공사비 확보를 걱정하면서, 왜 건설노동자의 적정임금을 전혀 걱정하지 않을까. 건설산업에서 낙수효과가 생긴다고 믿고 있는 것은 아닐까.

이러한 질문들을 스스로 내뱉으면 답답해질 뿐이다. 공조직이 건설노동자의 착취에 방조하거나 동조하고 있다는 느낌을 지울 수 없다. 건설노동자는 착취당해도 된다고 생각하지 않을 텐데도 말이다. 더군다나 공조직은 질 나쁜 일자리이지만 이런 일자리마저 내국인으로부터 빼앗아 저가의 외국인 노동자에게 건네주려는 집단들만 만난다. 건설노동자도 대한민국인가.

우리나라 건설산업은 중층적 단계로 이뤄져 있다. 최상층에는 공무원 노조원과 공기업 노조원이 속한 공공 발주기관이 있다. 그 아래에는 원도급업체가 있으며, 그중 대형 업체만이 노동조합을 만들 수 있고 그들의 임금수준은 타의 추종을 불허한다. 반면 그 아래에는 노조조차 조직하지 못하고 있는 하도급업체가 있다. 이들은 대형 건설업체의 절반을 약간 넘는 급여를 받으면서 언제든지 해고될 수 있는 불안한 지위에 있다. 노조를 못 만드는 것이 아니라 만들 여력이 아예 없다. 가장 밑바닥에는 가장 많은 인원수에 해당하는 건설노동자 계층이 있다. 건설노동자 대부분이 일용직으로 고용되다 보니 날마다 고용과 해고가 반복된다. 소수의 상층부 노동집단과 이들을 지지하면서 내뱉는 '해고는 살인이다'라는 구호가 하층부 건설노동자에게는 너무나 공허하다.

모두가 알고 있듯이 우리나라 건설산업의 중층 단계는 아래로 내려갈수록 점점 더 생활이 힘들어진다. 최하층부 건설노동자를 위해서 일하는 공조직은 거의 없다. 누군가 건설노동자 권익을 위한 정책대안을 제시하면 전문가라는 사람들이 달려들어 시기상조, 예산 부족, 추가 검토 필요라는 말을 해가며 도입을 반대하고 미루는 형국이다. 건설노동자의 권익을 위해 정책을 생산하거나 논리를 개발하는 전문가를 거의 본 적이 없다. 인간적 도의로서 건설노동자를 인간답게 대우해야 한다는 사람들이 간혹 있지만, 이들은 건설산업을 잘 몰라서 상층부를 대변하는 전문가한테 당하기 일쑤고, 그 이후에는 건설이 어렵다면서 더 이상 관심을 가지지 않는다.

다시 질문해본다.

왜 건설산업에 젊은이가 들어오지 않을까. 그토록 노력하는데도 건설현장의 안전사고는 왜 줄어들지 않을까. 원도급업체에게 많은 돈을 주면 과연 그 돈이 건설노동자에게 전달될까. 선진국에서 당연시하는 직접시공을 못 하는 걸까 아니면 안 하는 걸까. 노임체불이 문제라고 하면서 왜 임금지급보증제도는 도입하지 않을까. 누가 반대하는 걸까. 영리법인 건설업체의 적정공사비를 걱정하는 만큼 건설노동자의 적정임금은 고민해왔을까. 건설노동자에게 적정임금을 보장하면 건설업체가 망할까. 정부는 왜 건설노동자와 장비운전원의 실태조사에 소극적일까. 건설노동자의 일자리를 빼앗아 외국인 노동자에게 건네주는 나라가 있을까. 거듭 말하지만 우리나라 건설산업은 비정상이다.

건설산업에는 수많은 전문가가 있다. 그 많은 전문가가 있는데도, 오히려 우리나라 건설산업의 고질적인 문제는 더 커졌고 건설노동자의 삶은 더 팍팍해졌다. 보호받아야 할 건설노동자는 치열한 노임경쟁을 겪어야 할 뿐만 아니라 외국인 노동자에게 일자리마저 빼앗기고 있다. 팍팍한 실정을 알고 있어서인지는 몰라도 정부는 건설노동자에 대한 심층적인 실태조사를 단 한 번도 하지 않았다. 너무나 역설적이다. 정부의 직무유기가 공개적으로 드러날 것을 우려했기 때문이라는 생각이 들게 한다. 제대로 실태조사를 않는데 제대로 된 대책이 나올 리 없다. 반면 경쟁을 통해 국제경쟁력을 키워야할 건설업체에게는 경쟁을 시키지 않는다. 건설업체에 대해서는 행정부와 입법부가 모두 동원되어 영리법인이 요구한 적정공사비 확보 요청에 따라 제도를 바꿔왔다. 그로 인한 예산낭비는 아예 거론조차 하지 않는다.

전문가라면 복잡한 사회현상을 단순화시켜 가장 효과적인 방안을 찾아내야 한다. 하지만 우리나라의 건설전문가가 하는 일이라곤 사안을 더 복잡하게 만들어 아예 대응방안이 나올 수 없게 만드는 것이다. 사이비 전문가가 아닐 수 없다. 이들은 종종 복합적인 원인이 나타나므로 종합적으로 판단해야 한다면서 근본적인 해결방안에 대한 접근을 지속적으로 방해한다. 그 이유를 골똘히 생각해보니 전문가라고 떠드는 사람들 대부분이 영리법인을 위해 봉사하고 있음을 알게 됐다.

상대를 비방하고 화만 낸다고 문제가 해결되지 않는다. 이제부터라도 문제가 발생한 원인을 철저히 분석·규명하여 적확한 대책을 만들어야 한다. 얼굴빛이 좋지 않은 사람에게 화장만을 권해서는 안 된다. 무언가 근본적인 처방이 필요하다. 근본적 처방을 위해서는 철저한 원인 규명이 먼저 이루어져야 한다.

이 책에서 말하는 비정상 건설산업의 정상화를 위한 핵심축은 직접시공제다. 직접시공제는 원도급업체가 시공자로서 제대로 성장하게 하고 책임을 부여해 국제경쟁에서도 살아남을 수 있게 만든다. 건설회사가 수주공사의 주요 부분을 직접 시공하는 것은 지극히 정상이다. 단계적 시행방안으로 보자면, 100억 원 이상 중대형 공공공사에 대하여 절반 이상을 직접시공하게 해야 한다. 현행 50억 원 미만 공사에 대한 10% 내지 50% 이상 직접시공제는 엉터리다. 현 직접시공제를 엉터리로 도입해놓다 보니, 10년이 되도록 정부에서 제도도입 효과 및 평가를 하지 못한 것이다.

다른 한 축은 적정임금 법제화다. 건설업의 특성상 일정 부분 이상은 하도급에 의존할 수밖에 없다. 하도급할 경우에도 건설노동자의 임금이 깎여 나가지 않도록 적정 수준의 임금을 법적으로 보장해줘야 한다. 이를 위해서 적정임금제 법제화가 불가피하다. 도덕적 양심만으로 문제가 해결되지는 않는다. 공조직이 약자를 위한 방안 마련에 소극적인 현 실정에서는 법규로 강제해야만 그나마 지켜진다. 미국 노동부 국장의 말은 그래서 새겨들을 만하다. "적정임금제(Prevailing Wage)가 없었다면 시공사는 공사를 따내기 위해 노동자 임금을 깎아 입찰가격을 낮추려 할 것이다. 적정임금제는 공공건설공사를 수주할 때 임금은 아예 손대지 못하도록 강제하는 규정이다."

흔히 노가다라는 말을 많이 쓴다. 다음백과사전에는 노가다가 토목공사에 종사하는 노동자를 가리키는 일본어 '도가타'(どかた)에서 온 말로, 우리나라에 들어와서는 공사장이나 노동판, 또는 그에 종사하는 사람을 가리키는 말로 한정되어 쓰인다고 한다. 단어의 의미로 볼 때 좋은 의미는 아닌 것으로 보이지만, 어쨌거나 우리 주변에서 친근하게 사용되는 양면성이 있다. 그래서 그런지 '노가다도 살맛나는 세상이 되어야 하지 않겠나'라는 말이 오히려 더 살갑게 다가온다.

우리나라 또한 최근 낮은 수준이지만 직접시공제와 적정임금제에 대한 논의가 시작되고 있어 그나마 다행스럽다. 하지만 안타깝게도 건설산업 정상화의 근본적 대책이라 할 수 있는 직접시공제 정상화는 업계의 이해관계 충돌로 쉽지 않아 보인다. 이 책을 쓰게 된 계기는 2015년 3월경 《내일신문》의 "비정상 건설산업" 시리즈 작업이었다. 여기에 2016년의 민주노총 건설연맹의 「적정임금제 도입 및 직접시공체계 확립 방안」 보고서를 작성하면서 나름의 인식 구성을 구체화할 수 있었기에 깊이 감사드린다. 이 책을 계기로 영리법인이 아닌 건설노동자를 위한 정책과 제도도입 논의가 활발해지기를 바란다. 끝으로 현업에서 묵묵히 일하는 건설기술인과 건설노동자 분들께 경의를 표한다.

왜 건설인가

01
왜 건설인가

국내 지하철 건설현장에서 근무한 적이 있었다. 직접 철근을 엮거나 콘크리트를 타설하지는 않았지만, 수십 미터 땅속에서 완성되는 지하정거장과 터널을 보면서 사람들의 힘이 참 대단하다는 생각이 스쳐 지나갔다. 그 짧은 스침이 아직도 잊히지 않는다. 불특정 다수가 사용할 거대한 구조물을 만드는 데 참여할 수 있는 꽤 괜찮은 직업을 선택했다는 생각도 들었다. 이러한 생각은 지금도 마찬가지다.

생활 속의 건설

사람들이 살아가기 위해서는 집이 필요하다. 그런 집들이 한데 모이면 마을이 되고, 마을이 커지게 되면 생활의 편리성을 위해 상하수도가 건설돼야 하고, 그렇게 일정 규모가 되면 도시로 성장한다. 안전한 식수원을 확보하고 가뭄 등 천재지변에 대처하고자 강줄기의 상류에는 댐을 만들고, 안정적 도시생활을 위한 전기 공급을 위해 다양한 방식의 발전소를 세운다. 인구가 늘어나면서 사람들은 여러 도시로 나뉘어 살아간다. 다양한 사회생활 등을 위해 도시를 수시로 이동해야 하는데, 도시와 도시는 다양한 방법으로 연결된다. 육지를 통해 연결하는 방법은 도로와 철도가 대표적이다. 바다를 통해 이동하려면 항구가 필요하고, 하늘을 통해 이동하기 위해 공항이 필요하다. 이런 것들을 만들어서 사람들에게 공급하는 행위가 바로 건설이다. 따지고 보면 우리 주변에 건설과 관련 없는 것을 찾아보기 어려울 정도다. 도시화율은 도시에 거주하는 주민의 비율이다. 이제 우리나라 도시화율은 90%를 넘었다. 광복 직후 도시화율 20% 정도와 비교하면 엄청난 성장이 아닐 수 없다.

우리나라 자산가치 부동의 1위, 경부고속도로 11조 원

정부(기획재정부)는 「2015회계연도 국가결산」 결과를 내놓았다(2016. 4. 5.). 국가결산에는 〈국가재정법〉에 따라 감사원의 검사를 거쳐 국회에 제출될 계획이라는 친절한 설명이 덧붙여져 있었다. 2015년도 국가결산 내용 중 우리나라 도로의 자산가치가 얼마인지 궁금해졌다. 경부고속도로(418킬로미터) 10조 9,911억 원, 서해안고속도로(337킬로미터) 6조 5,292억 원, 남해고속도로(273킬로미터) 6조 3,170억 원의 순이었다. 경부고속도로는 정부가 발표하는 우리나라의 고정자산 중 부동의 1위 자리를 차지하고 있었다.

『한국건설 기네스(I), 길』(김덕수)에는 경부고속도로를 "이틀에 1킬로미터씩 닦은 (……) 천리 찻길"이라고 소개하고 있다. 착공 당시

(1968. 2. 1.) 가난한 나라 대한민국에서 경부고속도로는 단군 이래 최대 규모의 국책사업이었다. 재정이나 장비, 기술 등 모든 측면에서 역부족인 상황에서 경부고속도로 건설에 많은 논란이 있었지만, 선(先)개통—후(後)보완 원칙으로 진행됐다. 착공 후 887일 만에 경부고속도로 전 구간 428킬로미터가 완공되어(1970. 7. 7.), 평균 이틀에 1킬로미터씩 만들어진 셈이다. 경부고속도로는 계획 당시 330억 원으로 추정된 공사비가 429억 원(순공사비 384억 원, 용지비 20억 원, 부대비용 25억 원)으로 정산되어 1킬로미터당 1억 원으로 건설됐다. 국제부흥개발은행(IBRD)의 한 보고서는 선진국 고속도로(4차선 기준)의 1/5 공사비 수준으로 건설했다고 평가한 바 있다. 경부고속도로 건설에 892만 8,000명이 동원됐다.

　손정목 선생이 수년간에 걸쳐 쓴 다섯 권짜리 『서울 도시계획 이야기』를 읽다 보면 지나간 수십 년의 기록을 그렇게 세세하게 정리한 것에 존경심이 생기지 않을 수 없다. 선생은 해방 이후 서울의 도시건설을 하나의 전쟁으로 묘사하면서 당대 서울시장들을 일컬어 '일벌레', '불도저'라고 표현하기도 했다. 1966~1980년의 15년 동안 서울시 인구가 489만 명이 늘었다면서, 1960년대 이후 서울의 인구집중을 광적인 집중으로 묘사했다. 15년 동안 하루 평균 894명의 인구가 늘었기에, 매일 224동의 주택을 지어야 했고, 50명씩 타는 버스가 18대씩 늘어나야 했다. 매일 268톤의 수돗물이 더 생산·공급되어야 했고, 매일 1,340킬로그램의 쓰레기가 더 증가했다는 계산이 나온다고 덧붙였다. 1980년 이후로도 서울시 인구는 150만 명 이상 더 늘어났으므로, 하루라도 건설 행위가 멈추지 않은 셈이다. 선생의 말에 동의하든 안 하든 상관없이 우리나라 현대사에서 인구가 도시로 집중되는 과정을 살펴보면 건설에 대한 의존도가 매우 높음을 인정하지 않을 수 없다.

착한 건설? 나쁜 건설?

2002년경 한 연구자의 조사에 따르면, 도시민은 하루 24시간 중 19시간은 실내공간에서 보내고, 나머지 5시간의 대부분은 이동에 소모하고 있다고 했다. 실내공간은 건축 행위의 결과이고, 이동수단 또한 다양한 건설 행위의 결과물이다. 잠시만 둘러봐도 건설은 우리 생활에 매우 가깝게 존재하고 있음을 알 수 있다. 그런데 오래전부터 건설은 부패의 고리이자 지속적인 사회 문제를 만들어내는 산업으로 사람들에게 인식돼왔다. 우리나라는 토건국가라는 비아냥거림을 들을 정도로 건설에 대한 집착이 강하다. 역대 정부는 경기부양 수단으로 건설산업을 빈번하게 이용하기도 했다. 필요한 시설물이라도 제대로 된 검증 없이 착수되거나, 수주과정에서는 부정부패 및 비리, 시공과정에서는 하도급을 이용한 착취구조 및 건설노동자 소외 등으로 불신이 커진 것이다. 편리한 도시생활을 위하여 가장 필요한 행위임에도, 건설은 결국 시민의 지지를 받지 못하고 있다.

왜 그럴까. 누가 그렇게 만들었을까. 자못 궁금해진다. 이런 상황에서 건설 관련 이해관계자는 건설에 대한 이미지 재고에 많은 공을 들이기도 했다. 2014년 말경 『건설경제신문』이 주관한 '착한 건설 행복한 국민'이라는 주제의 지상좌담회에 참여한 적이 있다.『건설경제신문』은 '나쁜 건설'의 이미지를 벗기 위한 건설산업의 통렬한 자기반성을 기반으로 시작하게 됐다는 말을 덧붙였다. 설문조사 결과, 건설산업에 대한 국민의 이미지 평가가 여전히 모든 영역에서 낮았지만 긍정(58.7%)이 부정(41.3%)보다 높게 나타난 것에 대해 주최 측은 다소 위안을 받는 듯했다. 해당 질문을 접하면서 여러 물음이 생겼다. 나쁜 건설이란 게 있는 것일까. 왜 우리는 나쁜 건설이라는 생각을 하는 걸까. 왜 착한 건설이란 말을 굳이 강조하려고 할까. '건설'은 그 자체로 존재하는 것이지 착하거나 나쁘다는 판단을 할 대상이 아니라는 생각 때문이었다. 사실 우리나라는 건설 그 자체를 나쁘게 생각하는 것이 아니라 건설로 이루어지는 행태가 나쁘게 나타나면서 비판받는 경우가 대부분이다.

건설산업만이 특수한가?

건설산업을 언급할 때 가장 많이 인용되는 말이 '특수하다'라는 표현이 아닐까 싶다. 일반적으로 건설산업의 특수성으로 언급되는 것이 주문·수주산업, 옥외 및 계절 영향, 노동집약성 등이다. 건설산업이 특수하다고 하여 그 자체가 쟁점이 될 이유는 없겠지만, '특수하니까……'라는 말의 인용에는 특별한 혜택이나 조치가 이뤄져야 한다는 주문이 깔려 있다. 주로 제기되는 것이 경쟁 배제, 적정공사비 보장 및 꾸준한 공공발주량 유지·증가다. 이런 주장을 전문가 또한 스스럼없이 말한다. 결론적으로 말하자면 건설산업만이 특수하지는 않다. 다른 산업들도 제 나름대로 특수성을 갖고 있다.

먼저 수주산업의 경우 조선 분야가 대표적이다. 지금은 상당한 침체와 고통을 받고 있지만 최근까지만 하더라도 정부 지원 없이 세계 1~2위 시장을 형성해왔다.

둘째, 건설업이 계절의 영향을 많이 받는 것은 맞지만, 레저산업과 계절형 전자제품이 받는 계절의 영향과 비교할 정도가 못 된다.

셋째, 건설업의 노동집약성이 크지만 중장비 건설기계에 대한 의존성 또한 매우 높으므로 전적인 노동집약산업이라고 단정할 상황도 아니다.

건설업과 가장 유사한 조선업, 레저업들이 정부에게 특별한 혜택을 요구하지 않는다. 건설산업이 조선업 등과 비교해 특수한 것은 정부가 가장 큰 발주기관이라는 점이다. 모든 문제는 바로 여기서 시작된다고 볼 수 있다.

지속적으로 성장해온 건설업

건설산업은 여러 분야가 얽혀 있다고 하여 종합산업이라고도 불린다. 때문에 정책 관료는 건설투자로 인한 파생효과를 자주 언급하면서, 경기부양을 위해 투자확대를 주문하기도 한다. 우리나라 건설공사의 현황을 알아보기 위해서는, 건설업 기성액 추이와 아울러 수주 특성상 원도급의 지위를 보장받고 있는 종합건설업체수 현황을 비교해봐야 한다. 여기에서 건설업 취업자 수를 같이 비교하는 것도 의미가 있다.

해외공사를 제외한 국내 공공공사와 민간공사의 합계 기성액은 1997년 111조 원까지 증가했다. 그러나 곧바로 찾아온 외환위기 이후에 91조 원으로 급감했는데, 광복 이후 처음 겪는 경제위기였다. 하지만 그 이후로 건설업 기성액은 지속적으로 증가해 2014년 195조 원이 되면서 외환위기 때보다 두 배가 넘게 됐다. 20년 전인 1994년과 단순히 비교해보면 세 배가 넘는 성장세다. 최근 들어 예산 부족, 복지비용 지출 증가 등으로 성장세가 낮아지고 있지만, 건설업 기성액은 2014년도 국내총생산액 1,485조 원 대비 약 13%를 차지하면서, 여전히 단일 산업으로서는 가장 높은 비중을 차지하고 있는 부문이라 할 수 있다. 종합건설업체 수는 외환위기 상황에서도 계속 증가 추세였다. 기성액이 급감한 것과 달리, 오히려 종합건설업체 수는 급증하는 추세였다. 외환위기에도 종합건설업체 수는 급증했다. 이는 건설업을 면허제에서 등록제로 전환한 것과 아울러 운찰제로 불리는 공공공사 적격심사제를 전면 도입한 결과였다.

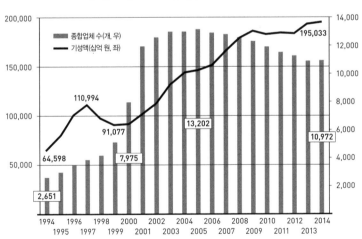

[그림 1-1] 연도별 기성액, 종합건설업체 수 추이

1. 기성액(공공+민간): 통계청, 국가통계포털
2. 종합건설업체 수: 대한건설협회, 민간건설백서

적격심사제는 최소 낙찰률이 보장되어 수주만 하면 일정 수준 이상의 이득이 보장되므로, 너나 할 것 없이 건설업 등록에 참여했다. 2001년 이후로 증가세가 낮아지면서 2005년 1만 3,202개를 정점으로 점차 감소하는 추세를 보이고 있지만 여전히 1만 개사가 넘는다. 종합건설업체 수와 아울러 전문업체 수를 합하면 약 8만 5,000개를 상회한다. 그러는 사이 건설업이 우리나라 경제에 미치는 영향은 더욱 커졌다. 그에 상응하여 건설업계의 영향력도 급증했다. 이제는 정부 경제정책의 단골메뉴에서 빠지지 않는다.

건설투자 효과로 침이 마르도록 언급되는 것이 일자리 창출이다. 다른 산업과 달리 건설업 일자리 대부분은 일시적이다. 일용직 건설노동자의 일자리인 셈이다. 질 낮은 일자리임에도 밑바닥 서민에게는 건강한 신체와 노동의욕만으로 돈을 벌 수 있는 대표적인 분야다.

통계청에서 발표한 2014년도 건설업 취업자 수는 179만 6,000명이다. 전체 산업 취업자 수 2,559만 9,000명의 7.0%다. 건설업 취업자 수가 전체 산업에서 차지하는 비중은 2004년 이래 지속적으로 감소했다가 2010년 7.4%로 약간 회복되었으나 다시 하락해 7.0% 수준으로 유지되고 있다. 통계청의 각 연도별 경제활동인구조사 자료 〈표 1-1〉을 살펴보면, 무슨 이유 때문인지 정확히 알 순 없지만 지난 12년(03~14년) 동안 전체 산업 취업자 수는 약 350만 명이 증가한 반면 건설업 취업자 수는 오히려 2만 명가량 감소했다.

<표 1-1> 건설업 취업자 수의 추이

(단위 : 천 명, %)

구분	2003	2004	2005	2006	2007	2008	2009	2010	2011	2012	2013	2014
전체 산업	22,139	22,557	22,856	23,151	23,433	23,577	23,506	23,829	24,244	24,681	25,066	25,599
건설업	1,816	1,820	1,814	1,835	1,850	1,812	1,720	1,753	1,751	1,773	1,754	1,796
비중	8.2	8.1	7.9	7.9	7.9	7.7	7.3	7.4	7.2	7.2	7.0	7.0

* 자료 | 통계청, 연도별 경제활동인구조사

편의점 알바보다 기피되는 3D 일자리, 건설노가다

우리나라 연간 국내 건설 기성액은 200조 원에 육박한다. 2015년에는 처음으로 200조 원을 돌파했다. 국내총생산(GDP) 대비 약 13% 정도로서 단일 산업으로서는 가장 큰 규모다. 이처럼 거대한 산업이 사람들로부터 좋지 못한 이미지로 각인된 이유는 뭘까. 아마도 각종 부패와 비리에도 불구하고 가장 밑바닥인 건설노동자에 대한 처우는 그와 반대로 가장 열악하기 때문이 아닐까 싶다. 건설노동자의 처우 문제가 간헐적으로 언급되고 있지만, 그런 주장을 하는 전문가들의 최종 목적은 영리법인인 원도급업체에게 더 많은 공사비를 보장해줘야 한다는 것으로 귀결된다. 전문가라고 거론되는 인물들의 면면을 보면 건설노동자와는 아무런 관계가 없으며, 원도급업체와 훨씬 더 친하고 교류가 많다. 전문가 대부분은 원도급업체 이득을 위한 주장을 하면서 건설노동자 또한 이득이 된다고 포장한다. 결과적으로 원도급업체 이득을 위한 일관된 주장이었다. 어찌 보면 당연한 귀결일 것이다.

3D란, 위험하고(Dangerous), 힘들고(Difficulty), 지저분한(Dirty) 직

업을 일컫는 말로 사용한다. 건설현장 일자리는 이른바 3D로 불리면서 직업으로서 기피 대상이 된 지 오래다. 여기에다 건설은 가족들과 떨어져서(Distant) 일을 하는 경우가 많기에 4D라고까지 말하는 이도 있다.

건설노동자 임금은 법정 최저임금보다는 많다. 일당으로만 보면 흔히 말하는 박봉이 아니지만, 최저임금을 약간 넘기는 편의점 시간제 일자리보다 오히려 기피 대상이 되고 있다.

언젠가 하도급업체 직원과 우리나라 건설노동자의 연령대와 노임 수준에 대해 잠깐 대화를 나눈 적이 있다. 여기에 옮겨본다.

"요즘 현장에 젊은 사람이 거의 없다던데, 소장님의 현장은 어떠한가요?"

"요즘에 젊은 사람은 거의 없어요. 40대 아저씨도 거의 찾아보기 어렵습니다."

"그럼 50대가 대부분인가요? 60대 노동자도 많나요?"

"노가다 현장에서 50대는 젊은 축에 속해요. 60대 아저씨들도 많습니다. 60대 아저씨들은 체력 때문에 야간작업이나 돌관작업에 계속 투입하지는 못해요."

"비숙련 보통인부의 일당은 얼마인가요?"

"잡부 일당은 약 10만 원 정도 됩니다. 하루에 9시간 정도 일하고요."

"편의점 알바를 하면 10시간에 6~7만 원 정도니까, 그보다 3~

4만 원 많으면 청년들이 일하러 오지 않을까요?"

"그러게 말입니다. 편의점 알바보다 1.5배 정도 많으니 노가다 알바도 할 법한데도, 젊은 애들은 안 하려고 해요."

"편의점 알바보다 힘들어서 그런 게 아닐까요?"

"그런 거 같아요. 노가다가 힘도 들지만 위험하고 지저분하니까 젊은 애들이 기피하는 것 같아요. 이대로 가다가는 건설현장에 내국인 기능인력은 씨가 마를 것 같아 걱정입니다."

"그럼, 일당을 더 올려주면 청년들이 좀 오지 않을까요?"

"현재의 잡부 일당을 책정해 공사를 딴 거라서, 그 이상 올려주는 건 현실적으로 어렵습니다. 요즘 하도급이 매우 어렵기도 하고요."

"그럼 부족한 건설노동자에 대해서는 어떻게 대처하고 있나요?"

"제3국인을 쓰고 있습니다. 다행히 우리 현장은 원도급업체의 쿼터 기준 외국인력을 상당 부분 채용하고 있어 그나마 다행인 경우입니다."

청년실업률이 2016년 상반기 9.5%를 넘어서서 사상 최고 수준이라고 한다. 현대경제연구원의 2016년 6월 「청년 고용보조지표의 현황과 개선방안」 보고서는 청년체감실업률이 34.2%라고도 했다. 체감실업률 내용에 더 무게가 실린다. 체감실업율이 상당한데도 청년들이 건설현장과 같이 노동력이 부족한 곳으로 몰려들지 않는다. 바보가 아닌 다음에 노동의 대가가 낮을뿐더러 미래 비전이 없는데, 누가 건설현장에서 일하려고 하겠는가. 중산층 생활은 고사하고 결혼하여 정상적인 가정을 꾸리기도 불가능할 것이다. 반면 외국인 노동자의 월평균 수입은 250만 원 안팎인데, 그들의 입장에서는 월수입이 자신의 나라에서 받는 연봉의 절반을 넘는 수준이다. 몇 년만 열심히 일해 귀국하면 집을 장만하고 풍요로운 삶을 누릴 수 있는 정도다. 그래서 외국인 노동자들이 인격적 모독을 받아가면서도 기를 쓰고 한국으로 들어오려는 것이다. 그런데도 일부 위정자들이 젊은이들을 탓하는 것은 무지의 극치다.

많은 사람이 우리나라 건설노동자 부족 문제를 이야기한다. 그 이유가 문제다. 건설현장에서 일할 수 있는 내국인이 없는 게 아니라, 일이 위험하고 힘든 반면 노동에 대한 보상이 낮다 보니 모두가 기피하게 된 것이다. 건설현장에서 숙련도가 쌓여도 노임이 올라가지 않으니 젊은이들의 발길이 끊어지는 것이 당연하다. 일명 공시족으로 몰려드는 젊은이들을 탓할 수는 없다. 이러한 나라를 만든 기성세대의 잘못이다.

연봉 20만 호주달러, 호주 광부 제임스 디니슨

다음은 2011년 11월 16일 《월스트리트저널》 '아시아 비즈니스 뉴스'에 나온 연봉 20만 호주달러 광산 노동자 이야기다(http://www.wsj.com/articles/SB10001424052970204621904577016172350869312).

웨스턴오스트레일리아 주 출신의 고교 중퇴자인 제임스 디니슨(당시 25세)은 연봉 20만 달러를 받으면서 지하 광산에서 착암기를 써서 구리, 주석, 니켈, 금을 채굴한다. 온몸을 문신으로 도배하다시피 한 디니슨 씨는 7년 전 연봉 10만 달러를 받으며 광산 일을 시작했다. 광부는 노동수요가 많지만, 위험한 작업조건, 12시간의 노동 시간과 작은 산간 지방 마을 거주라는 작업환경을 감내해야 하므로 노동력이 부족한 직종이 되었고, 이러한 인력 부족은 높은 연봉으로 이어졌다. 한 철광석 회사 책임자는 노동자를 끌어 모으려고 척박한 마을에 레크리에이션 센터, 운동 경기장, 미술관을 짓고 있다. 급료는 노동시장이 요구하는 수준으로 지불한다. 2010년 호주 통계청 자료는 호주 광산업의 평균 급여가 10만 8,000달러로서 전체 평균 급여 6만 6,594달러보다 훨씬 높다고 밝혔다.

디니슨 씨는 오로지 높은 연봉 때문에 광산으로 갔다. 광부 일을 시작하고 나서 거의 100만 달러를 벌어들였다. 디니슨 씨는 지하에서 일하는 또 다른 일자리로 옮겨 일당 1,400달러의 급료를 받기를 바라고 있다. 지금의 일당은 800달러다. 디니슨 씨는 광산업에 만족하고 있었다. "이제 나도 충분히 자격을 갖췄어요. 언제든지 일자리를 얻을 수 있을 겁니다. 광산업이 아니었다면, 주급 600달러를 버는 자동차 정비공이 됐겠죠. 이봐요, 난 광산업이 정말 좋습니다."

차별과 무관심의 건설노가다

차별과 무관심의 건설노가다

"무관심은 증오나 분노보다 더 위험하다." 홀로코스트의 생존자인 작가 엘리 위젤(Elie Wiesel)이 1999년 4월 22일 백악관에서 했던 연설문 「무관심의 위험(The Perils of Indifference)」에서 한 말이다. 우리나라 건설노동자가 무관심의 대상이 된 지는 오래다. 그 결과 우리나라 건설노동자는 모두가 기피하는 3D 직종에서 일하지만 임금 수입은 오히려 다른 직종에 비해 낮다. 게다가 그 낮은 임금마저 체불로 떼이는 경우가 다반사다. 직업군 중에서 광업을 제외하고는 사고율도 가장 높다. 이런 산업에 누가 선뜻 나서서 들어오려고 하겠는가. 청년이 기피하다 보니 건설업은 시간이 지나는 만큼 늙어가고 있다.

1. 비정규직보다 못한 체불과 고용불안

건설업 노임체불, 고용수준 대비 3.5배 이상

우리나라 헌법 제32조는 국가로 하여금 적정임금 보장에 노력하도록 명시하고 있다. 실상은 정반대다. 적정임금 보장은 고사하고 노임체불조차 막지 못하고 있다. 입법부와 행정부의 직무유기가 아닐 수 없다. 고용노동부가 발표한 2014년 노임체불 현황을 보면, 건설업 체불 근로자 수는 전체 산업의 24.2%, 건설업 체불액은 전체 산업의 23.0%를 차지하고 있었다([그림 2-1]과 [그림 2-2]). 건설업의 체불 정도는 5년 동안 매우 가파르게 상승했으며 감소할 기미를 보이지 않는다. 건설업 체불액은 제조업보다 적으나, 건설업의 고용수준 7%와 비교하면 고용대비 3.5배나 많게 체불이 발생하고 있는 셈이다. 이는 우리나라 건설공사가 하도급방식으로 현장이 운영되다 보니, 영세한 하도급업체로 인한 노임체불을 근본적으로 해결할 수 없는 건설산업의 구조적인 문제에 기인한다. 건설노동자는 3D 직종에 근무한다는 부담에 더해 체불 등의 이중고, 삼중고에 시달리고 있다.

[그림 2-1] 체불 근로자 수(명)

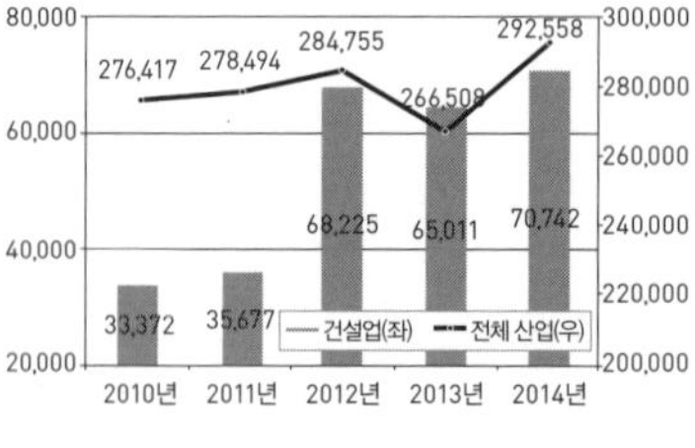

[그림 2-2] 체불액(백만 원)

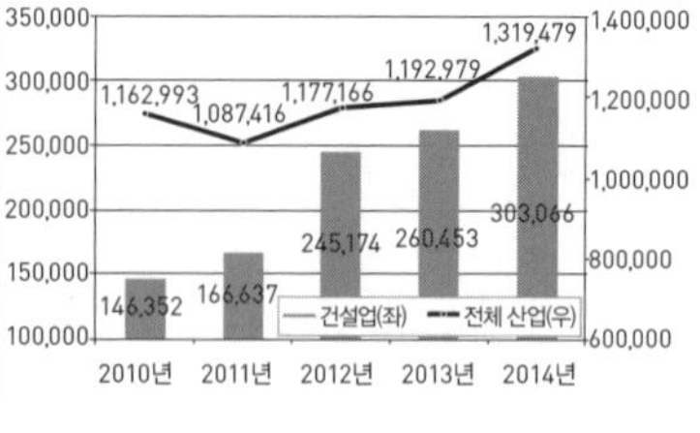

건설업 체불 현황을 보면서 당연히 품게 되는 궁금증이 있다. 건설대기업 직원은 중소업체의 직원보다 월등히 높은 연봉을 받고 있으면서도 체불은 없다. 그렇다면 건설대기업이 수주한 건설현장에서도 건설노동자 체불 문제가 발생하지 말아야 하지 않을까? 실제는 전혀 그렇지 않다는 데 문제의 심각성이 있다. 대기업이 수행하는 건설현장에서도 건설노동자 체불 문제는 자유롭지 않다. 그 이유는 이 책을 읽다 보면 자연히 알게 될 것이다

> **대한민국 헌법 제32조**
> ① 모든 국민은 근로의 권리를 가진다. 국가는 사회적·경제적 방법으로 근로자의 고용의 증진과 적정임금의 보장에 노력하여야 하며, 법률이 정하는 바에 의하여 최저임금제를 시행하여야 한다.

노임체불 방지를 위한 임금지급보증제, 국회에서 가로막혀

정부(고용노동부)는 보도자료(2011. 8. 26.)에서 체불이 심각한 건설근로자에 대하여는 임금지급보증제를 도입하고, 모든 사업장 근로자 체불임금에 대하여도 지연이자제를 확대 적용할 것이라는 「건설근로자 임금보호 강화방안」을 발표했다. 그로부터 2년가량이 지난 2013년 임금지급보증제 도입을 위한 '건설근로자 고용개선 등에 관한 법률 개정안'이 국무회의를 통과했다고 야심찬 보도자료를 또 냈다(2013. 10. 29.). 그러나 이듬해인 2014년 2월에 열린 국회 환경노동위원회는 보증기관의 구상금 회수가 어렵다는 점 때문에 현실적으로 보증서 발급에 나설 기관이 없을 것이므로, 실효성에 대한 검토

가 필요하다는 사유를 들어 정부의 법률개정안을 폐기시켰다. 당시 법안심사소위 회의록을 보면, 노동부장관에게 법률개정안 통과의 지가 전혀 보이지 않았고 일부 환경노동위원회 의원 또한 문제 제기에만 가세하는 상황이었다. 특히 김종훈 의원(새누리당)은 보증기관의 구상금 회수를 우려하면서 반대 입장을 가장 강하게 주장했다. 그는 우리나라 건설공사에 대한 보증업무를 가장 활발하게 수행하는 건설공제조합을 보증기관에서 제외해야 한다는 발언까지 했다. 김 의원의 반대 목소리가 컸던 반면에 다른 의원의 발언은 소극적이거나 거의 없었다. 몰랐거나 무관심했다는 것으로밖에 이해되지 않는다. 더욱이 2013년 10월 말경 체불임금을 확실하게 보호할 것처럼 큰소리친 정부가 법안 통과에 대해서 애초부터 비관적으로 대응했다는 느낌을 지울 수 없다.

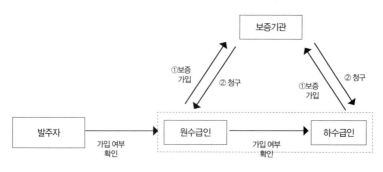

[그림 2-3] 임금지급보증 체계도(고용노동부)

약간 지루할 수 있겠지만, 2014년 열린 국회 환경노동위원회의 임금지급보증제에 대한 회의록 일부를 발췌해본다. 국회 환경노동위원회(법안심사소위원회) 회의록(2014. 2. 18.) 중 16~19쪽 일부다.

- **전문위원 김양건**: 임금지급보증제는 사후적 임금 체불 해소 방안으로 도입하는 제도입니다.
- **고용노동부차관 정현옥**: 우선 보증 대상 공사는 공사 예정금액 3억 원 이상 공공공사, 민간공사는 제외입니다. 보증 책임의 범위는 최종 2개월분에 해당하는 체불임금, 지금 최대 300만 원까지 보고 있습니다. 보증 수수료는 연간 약 400억 원 정도로 추정하고 있는 상황입니다.
- **이종훈 위원**: 이게 뜻은 좋습니다. 뜻은 좋은데 제가 하나 우려되는 것은, 건설업체라는 건 기본적으로 페이퍼 컴퍼니예요. 아무것도 없습니다. 그거 구상권 어떻게 행사하려고 그래요? 지금 임금채권보장기금 구상권 행사 돼요? 안 되잖아.
- **고용노동부차관 정현옥**: 됩니다. 많이 합니다.
- **이종훈 위원**: 아니, 되기는 무슨.
- **고용노동부차관 정현옥**: 50% 가까이.
- **이종훈 위원**: 아니, 내 말 들어보세요. 내가 안 되는 거 다 현실 알고 얘기하는 건데. 임금채권보장기금도 안 되는데, 건설업은 그야말로 페이퍼 컴퍼니인데 이것을 구상권 어떻게 행사한단 말이에요? 그것을 한번 얘기를 해보세요. 얼렁뚱땅 가려고 그래.
- **홍영표 위원**: 하청업체들이 받아서 공사를 하다가 그냥 어디 도망 가버리는 거예요. 그런 보완장치가 없이 어떻게 구상권[……]이것은 아마 거의 안 될 겁니다.
- **이종훈 위원**: 이거 아무도 보증 안 서려고 할 거야. 이거 누가 서려고 하겠어.

- **홍영표 위원**: 예, 누가 서요? 아무도 안 서요, 그것은.

- **은수미 위원**: 거기다 건설근로자공제회를 가지고 보증을 세운다는 게 말이 돼요?

- **이완영 위원**: 정부안에 대해서 설명이 좀 부족한 것 같아.

- **고용노동부 인력수급정책국장 신기창**: 구상권을 행사해서 회수하고 안 하고는 별개의 문제거든요.

- **최봉홍 위원**: 이게 공제회하고 공제조합에서 떼인 임금 보상해 주겠다는 그 말 아닙니까?

- **고용노동부 인력수급정책국장 신기창**: 아니요, 보증기관은 보증 수수료를 받습니다.

- **이완영 위원**: 구상 안 되면 그 책임이 누구한테 있어?

- **이종훈 위원**: 구상이 안 되면 제도 자체가 유지될 수가 없고요. 이게 지속 가능한 제도가 아니라고요.

- **이완영 위원**: 체불이 안 되게끔 하는 데 포커스가 맞춰져 있는데 오히려 구상권 가지고 문제를 제기하면서 건설근로자 임금 보장, 이것의 심의를 자꾸 문제 삼는 것 같아요.

- **홍영표 위원**: 그런데 구상권 자체가 건설업계의 특성상 거의 가능하지 않다는 겁니다.

국회 환경노동위원회 회의록(2014. 2. 21.) 중 17~20쪽 일부다.

- **이완영 위원**: 아시다시피 건설공사에 있어서는 정말 건설근로자들의 체불이 심각한 상황입니다. 특히 사전적으로 매우 해결하

기가 어렵기 때문에 임금지급보증제라는 사후적인 방법이 강구돼야만 이게 해소될 수 있다, 이런 측면이 강합니다. 따라서 이번 건고법(《건설근로자의 고용개선 등에 관한 법률》) 대안에 반드시 임금지급보증제 도입을 해서 함께 대안에 포함돼서 임금지급보증제가 이 법안에서 중요한 핵심으로 자리 잡을 수 있게끔 우리 전체 위원님들께 간곡히 부탁드립니다.

• **은수미 위원**: 하나는 최소한 보증기관에서 건설근로자공제회를 빼야 된다. 구상권 행사가 안 될 경우 사실상 임금을 줘야 될 사업주의 도덕적 해이를 불러일으키는 것 아니냐.

• **고용노동부장관 방하남**: 운영기관 관련해서는 말씀해주신 대로 건설근로자공제회가 반드시 들어가야 된다, 이런 입장은 아닙니다. 구상권 관련해서는 리스크가 크긴 합니다마는 리스크가 크다고 해서 불가능한 것은 아니거든요.

• **최봉홍 위원**: (공제조합) 처음 만들 때는 체불 노임 청산하자 했는데 돈 키워놓으니까 이것저것 다 붙여 가지고 보증의무를 안 해주면 우리가 돈 낼 필요가 없지 않느냐, 이런 얘기를 했습니다.

• **고용노동부장관 방하남**: 예, 운영과정에서 그런 것들을 다 고려해서 운영하도록 하겠습니다.

• **이종훈 위원**: 법안심사소위에서 제가 이것을 제일 반대를 했는데요. 이것은 부작용, 특히 선의의 피해자가 나올 가능성이 있기 때문에 제가 반대를 했습니다. 구상권이 행사 안 된다는 것은 뭘 의미하냐 하면 먹튀를 했을 때 보증기관이 손해를 본다는 겁니다. 한 명이 먹튀하면 공제조합 자체가 위험해져요. 어느 금융기관이 하겠다

해요?

- **고용노동부장관 방하남:** 저희들이 실무 TF를 운영한 기관이 건설공제회, 그다음에 전문건설공제조합, 서울보증보험, 이런 업체들하고 관련해서 TF를 운영하고 의사 타진을 해본 결과 참여할 의사가 있다는 것으로 지금 저희들은 알고 있습니다.

- **이종훈 위원:** 공제조합이 보증기관에서 제외한다라는 조항이 나는 꼭 들어가야 된다고 생각해요.

- **고용노동부장관 방하남:** 운영하는 과정에서 이런 것들을 최소화하는 방향으로 제도를 시행해가면서 보완하도록 하겠습니다.

- **홍영표 위원:** 실효성이나 지속성에 대해서 여전히 저희들은 어떤 확신을 가지고 있지 못합니다.

- **이완영 위원:** 제도 운영의 의구심에 대해서 노동부가 해소를 다 못하고 있는 점이 있는 것 같습니다.

- **이종훈 위원:** 다시 재발의해야 됩니다.

- **고용노동부장관 방하남:** 만약에 임금지급보증 제도 자체가 지금 확신이 없으시면 소위에서 합의가 된 대로, 〔……〕그래서 저희 정부 입장은 임금지급보증제를 빼고라도 이번에 처리를 해주셨으면 합니다.

- **최봉홍 위원:** 법률안 대안에 보면 보증 문제만 빼놓고 지금 안이 만들어져 있거든요. 그러니까 보증 문제만 유보를 시켜놓고.

- **위원장대리 김성태:** 유보가 안 되고 폐기입니다. 우리 위원회 대안으로 가기 때문에.

- **고용노동부장관 방하남:** 예, 정부에서 그 부분은 재발의하겠습

니다.

건설기계 장비대여금에 대해서는 지급보증제가 도입(2012. 12. 18.)되어 시행(2013. 6. 19.)되고 있다. 〈건설산업기본법〉 제68조의 3(건설기계 대여대금 지급보증)에 도입된 장비대금 지급보증제가 그것이다. 그런데 노임에 대한 지급보증은 정부의 개정법률안이 폐기된 지 2년이 지났지만 정부나 국회나 아무런 진전을 보이지 않고 있다. 겨우 고용노동부의 제3차 건설근로자 고용개선 기본계획에 한 줄 끼워놓은 정도다.

적정공사비는 여야 모두 경쟁적으로 논의, 건설노동자를 위한 적정임금 논의는 꿀 먹은 벙어리

우리나라 국회는 건설노동자에 대한 적정임금은 고사하고 임금지급보증제 도입조차 유보시키고 말았다. 반면 정치권과 정부에서는 건설업체에 대한 적정공사비 논의가 한창이다. 상층부 원도급업체를 위한 적정공사비 확보에는 여야를 막론하고 항상 같은 입장을 보이고 있다. 적정공사비 확보를 위해 가격경쟁방식인 최저가낙찰제를 폐지해야 한다거나 선진국에서 당연히 적용되고 있는 실적공사비마저 건설업체의 이득이 줄어든다는 이유를 내세워 폐지 주장을 서슴지 않았다. 영리법인인 원도급업체에 대해서는 적정공사비 보장을 부르짖는다. 그 결과 시행된 지 15년 만인 2016년부터 최저가낙찰제가 폐지됐고, 실적공사비도 표준시장단가방식이란 것으로 개편됐다.

《건설경제신문》(cnews.co.kr)은 2014년 우수 국감의원 9명을 선정했다면서, "철저한 준비 9인 적정공사비 확보 = 안전직결 이끌다"라는 제목을 붙여 의원 9명의 활동을 소개했다(2014. 11. 17.). 2014년 10월과 11월에는 국책연구기관인 한국건설기술연구원마저 공공공사 적정공사비 확보 간담회를 연달아 가졌다. 2013년 10월에는 임내현 의원(민주당)이 대한건설협회와 공공공사 적정공사비 확보방안 토론회를 주최하기도 했다.

대한민국 헌법 제32조에 적정임금을 별도 명시하지 않았더라도 입법부와 행정부를 망라한 국가가 적정임금 보장에 노력해야 하는 것은 지극히 당연하다. 하지만 우리나라는 영리법인 건설업체를 위한 적정공사비 논의만 무성할 뿐, 대다수 서민에 대한 적정임금 논의는 거의 이루어지지 않고 있다. 제도적으로 보호해야 할 힘없는 건설노동자를 위한 적정임금 보장에 대해서는 모두 꿀 먹은 벙어리다. 건설업계의 분위기를 본다면 적정임금에 대한 논의를 금기시하는 느낌마저 들게 한다. 아이러니하게도 역대 정권 중 MB정부에서 유일하게 '건설근로자 적정임금 보장 도입 방안'이 심도 있게 논의되었다. 하지만 건설업계의 강한 반발 때문에 도입이 무산됐다는 후문이 있다. 지금까지 이어져온 상황으로 볼 때, 입법부와 행정부는 적정임금 도입과 관련해서는 직무유기를 범하고 있다고 볼 수밖에 없다.

서울시, 계약특수조건에 임금기준 명시

서울시는 상수도사업본부 산하 사업소 8개소 중 5개소에서 수도계량기 교체종사원에 대한 임금 약 2억 원을 지급하지 않아 이를 시정 조치했다는 실태조사 결과를 발표했다(2014. 4. 4.). 해당 업체는 계약 조건을 위반했다는 이유로 2개월간 입찰참가제한 부정당업자 조치를 받아야만 했다. 서울시 수도계량기 교체공사의 공사계약 특수조건은 교체종사원에 대하여 적정임금을 보장해야 하며, 해당 임금은 시중 노임단가에 낙찰률을 곱한 수준 이상으로 지급하도록 명시했다. 시중 노임단가에 낙찰률 86.75%를 곱한 정도로 낮춰서 지급하도록 했음에도 불구하고 이 또한 지급하지 않았던 것이다. 적발된 관련 업체는 언론 보도와 서울시 조사가 시작돼서야 비로소 미지급 임금을 지급했다. 조사 결과 낙찰업체는 지급된 금액 중 일부를 종사원들로부터 반환받거나 통장과 도장을 별도 관리하는 등의 조직적인 방법으로 특수조건상 명시된 임금을 지급하지 않았던 것으로 드러났다.

소형 수도계량기 교체공사 계약 특수조건

제9조(종사원 임금지급)

① 계약상대자는 교체업무 종사원의 적정임금을 보장하여야 하며, 성과금으로 지급하는 경우에는 일정액에 대하여 성과가 없더라도 지급하여야 한다.

② 제1항에서 규정한 종사원 임금은 예정가격 산정 시 적용한 노임단가에 낙찰률을 곱한 수준 이상을 보장하고, 노임은 매월 정기일에 지급하여야 한다.

③ 발주기관은 종사원의 임금지급에 대하여 계약상대자에게 필요한 지시를 할 수 있으며, 계약상대자가 응하지 아니할 경우에는 발주기관이 당해 공사대금 중에서 해당 노임을 공제하여 종사자에게 직접 지불할 수 있다.

④ 계약상대자는 매월 종사원 임금지급 내역(개별 지급조서 등) 및 보험료 등 제경비 지출내역을 발주기관에 제출하여야 하고, 계약담당공무원은 임금지

위 사례는 구체적인 관련 법령이 존재하지 않더라도 발주기관의 재량으로 계약조건을 통해 적정임금 지급을 유인할 수 있음을 보여주고 있다. 수도계량기 교체종사원의 적정임금이 어느 수준인지는 단정하기 어렵다. 그러나 발주기관이 실제 작업을 수행하는 종사원에 대해 일정 수준 밑으로 임금이 깎여 나가지 않도록 계약적 장치를 마련해놓은 것은 의미가 크다. 다만 계약자의 낙찰률만큼 노임을 낮출 수 있도록 한 것은 문제가 있다. 낙찰률 결정에 아무런 역할을 하지 않은 종사원들에 대하여, 낙찰률 하락 책임을 전가시키는 것이므로 정의롭지 못하다. 아울러 수도계량기 교체공사에 적용해왔으면서도 일반 건설공사에 반영하려는 노력이 없어 아쉽다.

낙수효과를 기대할 수 없는 건설산업

낙수효과(Trickle Down)란 말이 있다. MB정부가 침체된 내수경기를 부양시키기 위해 취임 초부터 내놓은 화두였다. 물컵을 피라미드같이 층층이 쌓아놓고 맨 꼭대기의 컵에 물을 부으면 제일 위의 물컵이 다 채워진 다음에 물이 자연스럽게 아래쪽으로 넘쳐 내려간다는 의미다. 이론상으로 보자면 귀가 솔깃하지 않을 수 없다. 낙수효과에 대한 막연한 동경심은 정책 관료의 일반적인 성향으로 느껴진다. 낙수효과는 다수를 차지하는 하층부가 아니라 소수의 상층부에 대한 투자와 배려를 우선시한다. 그 결과 건설산업에 대한 주요 정책은 건설업체에게 여유 있는 공사비 책정 대책으로 나타나고 있다. 이는 진보 또는 보수정권의 성격과 관계없이 정책관료들이 일관되게 유지하는 성향이다.

건설산업에서 낙수효과는 있을까? 비록 정책관료가 낙수효과를 직접적으로 언급하지는 않았지만 상층부 원도급업체에 대한 공사비 올려주기에 많은 노력을 했고, 이를 통해 원도급업체의 낙찰률이 어느 정도 상승한 효과가 나타났다. 공공사업 중 가격경쟁이 일부나마 적용되던 최저가낙찰제 보완 및 폐지, 실적공사비 적용대상 축소 등이 그것이다. 이에 따라 원도급업체의 평균 낙찰률은 분명히 큰 폭으로 상승했다. 조달청의 보도자료(2014. 1. 20.)에 따르면 최저가낙찰제의 평균 낙찰률은 2001년 61.9%에서 2013년 74.1%로 무려 12.2%p가 상승했다. 지극히 인위적인 상승이다.

〈표 2-1〉 최저가낙찰제공사 연도별 낙찰률 현황

(단위: %)

연도	2001	2002	2003	2004	2007	2008	2009	2010	2011	2012	2013
평균 낙찰률	61.9	61.0	53.1	56.8	66.8	72.5	71.0	71.1	72.5	74.6	74.1

한국도로공사의 「동반성장 파트너십 구축방안」은 수년 동안의 원·하도급업체 낙찰률을 조사한 결과를 실었다(2011. 7. 25., [그림 2-4]). 원도급업체는 2008년 9월 저가심의 강화 이후 최저가공사 평균 낙찰률이 그 이전보다 5.8%p 상승(69.8%→75.6%)한 반면, 동 기간의 하도급 낙찰률은 오히려 1.3%p 하락(65.6%→64.3%)했다. 원도급

업체의 낙찰률 상승이 하도급업체에 대해서도 항상 동반상승하지 않고 있음을 보여준다. 건설회사 또한 영리법인이므로 합법적인 범위 내에서 최대의 이익을 얻기 위해 하도급 과정에 치열한 경쟁을 요구하는 것은 지극히 당연한 일이다. 자본주의 시장경제 체제에서 합리적 경쟁을 탓할 수는 없다. 하지만 다단계 하도급 생산구조가 고착화된 우리나라 건설산업에서는 낙수효과를 기대할 수 없는데도, 마치 낙수효과가 있는 것처럼 포장하여 예산을 낭비시킨 정책 관료에게는 반드시 책임을 물어야 한다. 도덕적 양심만으로는 낙수효과가 실현되지 못하는 이유다.

[그림 2-4] 최저가공사 하도급률(설계가 대비) 현황(한국도로공사)

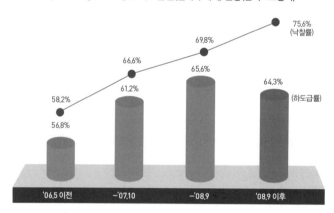

2. 안전 사각지대의 건설노동자

■ 사례 1

1990년 초 건설현장에서 추락 사고를 당한 경기도 안산의 K씨는 당시 산재처리를 하지 않은 것을 후회하고 있다. K씨는 당시 사고로 추간판탈출(허리디스크) 수술을 받았는데, 산재처리 대신 일명 공상처리를 했다. 건설회사에서 산재처리를 원하지 않았고, 재발 가능성을 전혀 생각하지 않은 상태에서 공상처리에 합의했던 것이다. 그러다가 2014년 수술 부위가 재발하여 산재요양 신청을 했지만, 사고 당시 산재신고가 되어 있지 않다는 이유로 요양 신청이 받아들여지지 않았다. 현재 K씨는 생계를 유지하기 위해 어쩔 수 없이 목수일을 하고 있다. 하지만 몸 상태가 좋지 않아 한 달에 7일 정도밖에 일을 하지 못하고 있다.

■ 사례 2

2010년 H토건은 S사로부터 하도급을 받았다. 착공 이후 몇 차례 안전사고가 발생하여 산재처리를 했다. 그런데 2011년에도 재차 안전사고가 발생하자, H토건은 S사와의 지속적인 관계 유지를 위해 안전사고 피해자와 공상처리에 합의했다. 물론 S사에게 사고 발생을 구두로 보고했다.

2012년 H토건이 지속적인 적자로 공사수행이 어려워지자 추가공사비 지급청구를 하게 됐으나, S사가 H토건에 대한 하도급 계약해지를 통보하면서 2011년의 공상처리에 대한 논란이 생겼다. S사는

H토건이 공상처리에 대해 계속 문제 제기를 해오자 관할 지방노동 청에 H토건으로부터 안전사고를 보고받지 않은 것처럼 하여 산재 발생 서면신고를 했고, 지방노동청은 H토건에게 안전사고 미신고 를 이유로 과태료를 부과했다.

전체 산업 가운데 가장 위험한 대한민국 건설업

건설업에서 발생하는 사망자 수는 매년 500~600여 명가량이다. 매 1주일마다 약 10명이 건설현장에서 목숨을 잃고 있는 셈이다. 사 망자는 해마다 감소와 증가를 반복하고 있지만, 사망자 수가 적은 해에도 다른 산업군과 비교하면 건설업은 항상 가장 높은 수준이 다. 2004년 사망자 수가 779명으로 최악을 기록한 후 그 이듬해에 반짝 감소했지만 다시 2008년까지 증가세로 전환됐다. 2008년 이 후에 다시 감소하는 듯하다가 최근에는 예년 수준으로 증가하고 있 다. 건설업 사망자 수는 전체 산업 사망자 수의 27~29% 정도다. 건 설업의 경제활동인구 비중 7%와 비교한다면 거의 네 배가량 높다. 아무리 건설업이 옥외작업을 하는 일이고 위험도가 상대적으로 높 다고 하더라도, 높은 사망률은 분명 큰 문제다. 정부의 존재 이유가 무색해지는 대목이 아닐 수 없다.

정부 등 일각에서는 건설업의 사망자 수가 최근 들어 가장 낮은 정도라고 자위하는 한편, 세월호 참사(2014. 4. 16.)에 따른 안전관리 강화를 이유로 언급하기도 했다. 2014년의 사망자 수가 486명으로 약간 감소했지만, 여전히 건설업의 사망자 수는 전체 산업 중 26% 를 상회하고 있다.

<표 2-2> 건설업 재해자 수 및 전체 산업 대비율

건설업		1998	1999	2000	2001	2002	2003	2004	2005	2006
전체 산업 (명)	재해자	51,514	55,405	68,976	81,434	81,911	94,924	88,874	85,411	89,910
	사망자	2,212	2,291	2,528	2,748	2,605	2,923	2,825	2,493	2,453
건설 산업 (명)	재해자	13,172	10,966	13,500	16,771	19,925	22,680	18,896	15,918	17,955
	사망자	650	583	614	659	667	762	779	609	631
건설업 비율	재해(%)	25.6	19.8	19.6	20.6	24.3	23.9	21.3	18.6	20.0
	사망(%)	29.4	25.4	24.3	24.0	25.6	26.1	27.6	24.4	25.7

건설업		2007	2008	2009	2010	2011	2012	2013	2014	'14-'98
전체 산업 (명)	재해자	90,147	95,806	97,821	98,645	93,292	92,256	91,824	90,909	39,395
	사망자	2,406	2,422	2,181	2,200	1,860	1,864	1,929	1,850	(-)362
건설 산업 (명)	재해자	19,050	20,835	20,998	22,504	22,782	23,349	23,600	23,669	10,497
	사망자	630	690	606	611	543	496	567	486	(-)164
건설업 비율	재해(%)	21.1	21.7	21.5	22.8	24.4	25.3	25.7	26.0	0.4
	사망(%)	26.2	28.5	27.8	27.8	29.2	26.6	29.4	26.3	(-)3.1

＊ 자료 | e-나라지표, 고용노동부

　　건설산업은 노동집약산업이자 일명 3D업종으로 불리고 있으며, 옥외공사라는 특성으로 인해 안전사고의 위험성이 높은 것이 사실이다. 사고 위험성이 높으므로 그만큼 더욱 철저한 안전관리가 요구되는 산업이다. 이에 관련 법령에 따라 건설업의 산업재해에 대해 안전관리자에 대한 책임뿐만 아니라 해당 업체에 대해서는 영업정지나 관급공사 입찰참가제한 처분 등이 이루어진다. 공공공사는 산업재해율을 입찰참가자격 평가점수에 반영하고 있어 안전사고가 그 자체적인 손실뿐만 아니라 수주에도 상당한 영향을 미친다. 영업정지나 입찰참가제한은 수주를 생명으로 하는 건설업체에게 매우 큰 타격이 되므로 업체들은 안전사고 예방에 총력을 기울이게 된다. 단순히 비용만의 문제는 아니다. 그럼에도 불구하고 왜 건설산업의 안전사고는 줄어들지 않을까?

안전사고는 거의 대부분 공상으로 처리

국민권익위원회는 고용노동부를 대상으로 하는 '산업재해보상 보험제도 개선방안에 대해 의결서(의안번호 제2014-133호)'를 내놓았다 (2014. 5. 26.). 추진 배경에서 2008년 국가별 산업재해 현황을 인용했다. 우리나라는 부상만인율은 OECD 국가 중에서 가장 낮은 반면, 사망만인율은 최악을 기록하고 있다. 누가 봐도 이상하다. 부상만인율은 이탈리아의 1/4, 독일의 1/5 수준으로 매우 낮다. 반면에 사망만인율은 이탈리아의 네 배, 독일의 여덟 배가량 높은 수치다. 부상사고는 얼마든지 숨길 수 있지만, 사망사고는 숨길 수가 없기 때문에 벌어진 슬픈 해프닝이다. 국민권익위원회 의결서는 이 점을 지

〈표 2-3〉 2008년 국가별 산업재해 현황

구분	한국	독일	호주	멕시코	스웨덴	이탈리아
부상만인율	62.7	282.9	102.0	355.4	64.1	244.5
사망만인율	1.59	0.20	0.21	1.00	0.15	0.40

＊ **자료** | 고용노동부 산업재해분석, 국제노동기구(ILO)

적한다. 당시 국민권익위원회는 이처럼 기이한 재해통계를 근거로 산재은폐 의혹이 제기된다면서, 산업재해보상 보험제도 개선방안을 고용노동부에 권고했다.

국민권익위원회는 위 의결서에서 '연구기관별 산재은폐 현황 조사 결과'를 인용했다. 인용된 조사 결과는 건설업에 관한 내용으로서, 산재미처리(산재은폐) 비율이 현상 유지가 아니라 오히려 증가했음을 보여준다. 종합건설업체의 이익을 위한 연구를 주로 하는 한국건설산업연구원의 산재은폐 조사 결과는, 2002년 56.1%에서 2007년 75.5%로 오히려 높아졌다. 전문건설업체 조직인 대한전문건설협회의 산재은폐 조사 결과는 2006년 64.0%였으나, 2010년 66.5%로서 낮아지지 않았다. 전문건설업체의 이익을 위한 연구를 주로 하는 대한건설정책연구원의 2009년 산재은폐 조사 결과는 각각 93.0% 및 86.9%로서, 다른 기관보다는 월등히 높았다. 이중

〈표 2-4〉 연구기관별 산재은폐 현황 조사 결과(%)

연도	조사기관	산재처리	산재미처리	비고
2002	한국건설산업연구원	43.9	56.1	한국사회복지연구소
2006	대한전문건설협회	36.0	64.0	협회 자체조사
2007	한국건설산업연구원	24.5 (39.8)	75.5 (60.2)	소규모 현장 산재보험 타당성 분석
2009	대한건설정책연구원	7.0	93.0	철콘업종 재해 및 공상처리 설문
2009	대한건설정책연구원	13.1	86.9	전문건설업 실태조사 − 조사대상: 133개 업체 − 산재발생: 총 497건 중 공상처리 432건
2010	대한전문건설협회	33.5	66.5	협회 자체조사

* ( )는 사용자 대상 설문자료임.

2009년 실시된 대한건설정책연구원의 실태조사를 보면, 조사대상의 산재발생 총 건수를 집계한 결과치 86.9%(497건 중 432건 산재처리)가 유일한 실태조사 결과로서 신뢰도가 가장 높다고 판단된다.

정부는 산재은폐 적발할 노력도 않고, 적발할 능력도 없는 듯

고용노동부가 공개한 최근 5년 동안의 산재미신고에 대한 처분건수 현황을 살펴보면, 지난 5년간 산재미신고에 대한 처분건수는 연평균 51건(2013년) 내지 226건(2009년)이었다. 건설업의 처분건수가 전체 산업의 1/4 내지 1/10 수준이다.

〈표 2-5〉 산재미신고 처분 현황

구분	2009년			2010년				2011년			2012년			2013년		
	계	경고	사법조치	계	경고	과태료부과	사법조치	계	경고	과태료부과	계	경고	과태료부과	계	경고	과태료부과
계	1,591	1,546	45	1,908	1,875	10	23	456	409	47	1,242	821	421	192	55	137
광업	10	10	0	3	2	1	0	0	0	0	6	6	0	0	0	0
제조업	550	531	19	648	635	3	10	153	140	13	711	438	273	86	29	57
건설업	226	211	15	220	209	6	5	106	86	20	128	60	68	51	4	47
전기가스,상수도	3	3	0	0	0	0	0	2	2	0	2	1	1	0	0	0
운수창고및통신업	64	62	2	72	71	0	1	12	12	0	28	21	7	2	2	0
기타산업	738	729	9	965	958	0	7	183	169	14	367	295	72	53	20	33

＊ 자료 | 고용노동부(2015. 3. 3)

〈표 2-4〉에서 가장 낮은 산재미처리율 60.2%를 적용하더라도, 산재미신고 건은 4만 명가량이다. 이를 적용할 때 산재은폐 적발률은 0.6%(0.57%=226명÷4만 명)에 불과하다. 소수점에 불과한 적발률은 산재은폐가 거의 적발되지 않는다고 확신할 수 있는 수준이다. 산재은폐가 거의 적발되지 않다 보니 오히려 은폐행위가 관행화되는 악순환을 만든 게 아닐까.

우리나라 건설업의 안전사고가 매우 심각한 수준임을 정부 또한 모르지 않을 것이다. 그럼에도 근본적인 대응책을 제시하지 못하고 있는 것은 정부의 무능력이거나 건설노동자에 대한 무관심의 결과가 아닐 수 없다.

산재은폐 문제를 언급할 때 병행하여 검토돼야 할 점은 소규모 현장에서 발생하는 산재다. 중대형 현장보다는 소규모 건설현장에서 안전사고가 집중적으로 발생하고 있기 때문이다. 안전보건공단의 "건설현장 떨어짐 사고, 소규모 현장 집중 발생" 보도자료(2013. 12. 13.)의 건설업 규모별 사망재해자 현황 자료를 보면, 해마다 변함없이 20억 원 미만의 소규모 현장에서 절반가량 발생하고 있고, 120억 원 미만 사업장에서는 70% 가량이 집중적으로 발생하고 있었다(〈표 2-6〉). 그만큼 소규모 사업장에서의 안전관리가 취약하다는 말이다. 이 때문에 정부나 유관기관에서는 소규모 현장에서의 산재예방 대책의 중요성을 언급한다. 안전제일이란 구호는 안전이 공사비와 같은 비용의 문제라기보다는 관리의 영역임을 강조하고 있음을 말해준다.

한편 2013년 이후의 건설업 규모별 사망재해 현황을 알아보기 위하여 안전보건공단과 노동부에 문의했지만, 담당자 모두 해당 자료는 공식적으로 작성·발표하지 않는다고 했다. 이에 비공식적 자료의 존재에 대하여 물어봤지만 확답을 회피했다. 참 이상한 일이다.

〈표 2-6〉 건설업 규모별 사망재해자 현황(명)

구분	연도	20억 원 미만	20~120억 원	120~300억 원	300억 원 이상	분류 불능	계
건설업 사망자 (명)	합계	1,344	536	211	530	107	2,728
	2008년	279	156	45	112	21	613
	2009년	236	97	42	137	22	534
	2010년	274	89	43	112	24	542
	2011년	288	95	38	95	27	543
	2012년	267	99	43	74	13	496

산재은폐 수혜자는 근로복지공단

민주노총 건설노조는 2014년 11월 「건설공사 장비운전원 산재보험 적용 개선방안」 보고서에서 근로복지공단의 산재보험료 징수 및 집행실적을 분석한 결과를 내놓았다(〈표 2-7〉). 공사 규모별로 볼 때, 유독 1억 원 미만 공사에서의 집행률(집행금액÷징수금액)이 126.6%로서 이상하리만치 월등히 높게 나타났다. 반면 1억 원 이상 공사의 집행률은 32.6~38.9%로서 큰 차이를 보이지 않고 있어 매우 상반된 상황을 보이고 있다. 원인을 추정해보면 중대형 공사는 공상처리 등으로 산재은폐를 조직적으로 하고 있는 반면, 1억 원 미만의 소규모 공사는 공상처리할 비용이 없어서 무조건 산재신고를 하기 때문으로 보인다.

〈표 2-7〉 공사 규모별 산재보험료 징수 및 집행 실적(2001~2013년)

(단위: 백만 원)

1억 원 미만		1~10억 원		10~50억 원		50~100억 원		100억 원 이상	
징수	집행	징수	집행	징수	집행	징수	집행	징수	집행
7,478,370	9,463,978	3,300,329	1,282,496	1,918,332	658,086	1,035,606	337,231	1,716,097	628,987
집행률: 126.6%		38.9%		34.3%		32.6%		36.7%	

제반 자료를 보면 산재처리가 소규모 현장에 좀 더 집중되는 것으로 보이고, 이는 곧 중대형 건설현장에서의 산재은폐가 높다는 것으로 판단할 수 있다.

중대형 건설공사에서 이루어지는 산재은폐는 엉뚱한 문제를 야기한다. 건강보험 부실화가 그것이다. 건설공사장에서 안전사고를 당한 재해자는 어떤 방법으로든 치료를 받아야 하므로, 산재은폐에 따른 치료비용은 산재보험이 아니라 건강보험으로 지출될 수밖에 없게 된다. 은폐된 산업재해는 국민건강보험으로 치료가 이루어질 수밖에 없는데, 2012년 12월 국회 예산정책처에 제출된 「산재보험 미신고로 인한 건강보험 재정손실 규모 추정 및 해결방안」에 따르면, 부상병 손상의 경우 향후 5년간 누적 재정손실 규모를 적게는 7,000억 원에서 최고 2조 원까지 추정했다. 그만큼 건강보험이 부실화된다는 뜻이다. 근로복지공단의 정관은 '산업재해근로자의 보건향상과 근로자의 복지증진에 기여함'을 설립 목적이라고 규정하고 있지만, 산재은폐는 산재보험료 지출을 차단하므로 결과적으로 산재은폐의 수혜자는 다름 아닌 근로복지공단이 되는 셈이다.

권한이 많을수록 책임은 오히려 감소

2013년 7월 15일 오후 5시경, 서울시 상수도사업본부가 발주한 노량진배수지 공사현장 수몰사고로 7명이 사망하는 대형 참사가 발생했다. 온 국민을 슬픔으로 몰아넣은 예기치 못한 대형 사고였다. 서울시의 대응은 당시 서울시 부시장이 도의적 책임으로 사의를 표명했을 뿐, 발주청인 서울시 당국에 대해서는 그 어떤 법적 책임도 묻지 못했다.

검찰은 위 대형 참사에 대한 책임을 물어 현장 관리책임자 4명(감독관, 책임감리단장, 원도급 현장소장, 하도급 현장소장)을 모두 기소했다. 재판 결과 발주청 감독관은 무죄, 책임감리단장은 금고 1년 6개월(집행유예 2년), 원도급 현장소장은 금고 2년(집행유예 3년), 하도급 현장소장은 징역 2년으로 확정됐다(2013고합963, 2014노433, 2014도9290). 공공공사 현장에서 가장 권한이 많은 발주청 감독관은 무죄가 선고됐고, 가장 힘이 없는 하도급 현장소장은 실형을 선고받았다. 권한이 있는 만큼 책임을 지는 것이 정상이지만, 정작 건설현장에서는 정반대다.

노량진 수몰사고 형사재판 결과(《표 2-8》)는 우리나라 건설현장에서 책임과 권한이 어떻게 부과되고 있는지를 보여주는 단적인 사례다. 건설현장에서 최고 의사결정권자는 누가 뭐래도 발주청 감독관

대상자	선고내용	적용법령	비고
하도급 (현장소장)	징역 2년	형법 제30조(업무상과실치사) 〈산업안전보건법〉 제29조(안전조치의무 위반), 제23조(안전조치의무 위반에 의한 근로자 사망)	
원도급 (현장소장)	금고 2년 집행유예 3년	형법 제30조(업무상과실치사) 〈산업안전보건법〉 제29조(안전조치의무 위반)	항소 포기
책임감리단장	금고 1년 6개월 집행유예 2년	형법 제30조(업무상과실치사)	
공사감독관 (서울시)	무죄		검사 상고

이다. 그 다음으로 현장에 대한 권한과 책임을 부담하는 자가 책임
감리단장이고, 원도급 및 하도급 현장소장은 서울시와 책임감리단
의 감독과 지시에 따라 작업을 수행하는 실행당사자일 뿐이다. 특
히 하도급 현장소장은 빠듯한 하도급 공사비를 가지고 인부를 독려
하는 등 기소된 사람 중에서 가장 힘들게 일한 당사자였다. 물론 그
가 가진 권한은 거의 없다. 하지만 가장 무거운 법적 책임이 하도급
현장소장에게 전가됐다.

우리나라 법률체계는 권한이 가장 작은 하도급 현장소장에게 가
장 큰 책임을 부과하는 반면, 가장 큰 권한을 행사한 발주청 감독
관에 대해서는 법적 책임을 물을 수 없는 구조다. 정상적인 사회라
면 권한이 있는 만큼 책임이 부과돼야 하나, 우리나라는 정반대의
비정상 구조가 형성돼 있다. 취업을 앞둔 젊은이가 공조직을 가장
선호할 수밖에 없는 이유가 설명된다.

2007년 4월 5일 국토교통부가 발주한 국도건설 턴키 공사(거금

도–연도교 가설공사)의 상판 붕괴로 5명이 사망하는 사고가 발생했다. 서울시는 해당 원도급업체인 현대건설에게 과징금을 부과했고, 원도급업체는 이에 불복했다. 원도급업체의 행정소송(2008구합50650, 2011누21326, 2012두17124)과 위헌법률심판제청(2011아473호)은 모두 기각됐다. 판결문을 보면 원도급업체는 사망사고 책임이 하도급업체에게 있다는 식으로 주장하고 있다. 그런데 이런 견지에서 본다면 우리나라 원도급업체가 건설현장에서 하는 일은 도대체 무엇이고 무슨 책임을 지고 있는지 당황스럽지 않을 수 없다. 물론 발주기관에게 법적 책임을 부과하지 못하는 것이 더 큰 문제이기는 하다.

과연 안전관리비가 부족한 것일까?

건설노동자 사망사고와 같은 중대 재해가 발생하면, 소위 전문가라는 사람들은 이구동성으로 원도급업체에게 적정한 공사비가 지급되지 않았기 때문이라고 외친다. 그러면서 최저가낙찰제와 같은 가격경쟁 발주방식으로 안전관리비가 깎여져 나가는 것이 중대한 원인이라면서 원도급업체에게 적정한(실제로는 많은) 돈을 줘야 한다고 설파한다. 이들의 논리로는 2001년 이전 최저가낙찰제가 시행되지 않았을 때의 높은 건설업 사망률이 설명되지 않는다. 이들 전문가들은 원도급업체에게 적정공사비를 지급하더라도 하도급에서는 치열하게 가격경쟁을 시켜 가장 싼 금액을 제시한 업체와 하도급계약을 체결한다는 사실에 대해서는 입을 닫는다. 알고서도 외면했다면 국민을 상대로 한 계획적 기망행위가 아닐 수 없다. 이러한 사이비 전문가의 논리는 건설업 사망자 수가 2013년 567명에서 2014년

486명으로 급감한 것에 대해서도 합리적인 설명을 내놓을 수 없다. 안전사고가 비용과 전혀 무관하지는 않겠지만 결국에는 관리와 관심의 문제임을 의도적으로 외면한 결과다. 백 보를 양보하여 이런 부류의 사이비 전문가 주장이 맞다 친다면, 오히려 대책이 없다. 그들 주장은 막연한 말잔치에 터를 잡고 있어서 실질적으로 안전사고를 예방할 세부 실행계획이 전혀 나올 수 없다. 그들이 하는 주장이라곤 원도급업체에게 공사비를 더 지급해줘야 한다는 것이 전부고, 불공정하도급을 없애야 한다는 원론적인 말을 한마디 더 추가할 뿐이다.

공사비가 빠듯해지면 안전관리가 어려워질 거라는 생각이 들 수 있다. 그래서 안전관리비에 대해 알아봤다. 우리나라 건설업체 중 10위권에 드는 한 대형 업체는 하도급업체의 현장설명 견적조건으로 안전관리비를 직접공사비의 0.2%만 적용하라고 못 박은 사례가 있다. 최저가낙찰제 공사뿐만 아니라 턴키 공사에서도 마찬가지였다. 하도급업체 안전관리비는 직접공사비의 0.2%만 적용하고, 그 금액 범위 내에서 정산하겠다는 얘기다. 정부가 원도급업체에게 적용하는 안전관리비 비율은 노무비의 1.88%이며, 이를 직접공사비로 환산하면 일반적으로 직접공사비의 0.7~0.8% 정도가 된다. 그렇다면 위 대형 업체가 하도급업체 견적조건으로 명시한 안전관리비율 0.2%가 터무니없이 낮지 않냐는 지적이 나올 법하다. 우리나라 건설공사의 체계를 조금만 들여다본다면 비난만 할 일은 아니다. 안전관리비의 사용 내역, 거기에 비밀이 숨어 있다.

안전관리비의 사용 내역에서 가장 큰 비중을 차지하는 것은 단연 안전관리자의 인건비다. 앞서 언급한 사례의 경우, 대형 업체는 안전관리자 선임업무를 하도급업체에게 전가시키지 않았기 때문에 0.2%의 비용으로 하도급업체가 안전용품 구입이 가능한 것으로 판단한 듯하다.

예를 들어 설명해보자. 500억 원짜리 5년 공사의 경우, 안전관리비 총액은 약 3억 5,000만 원(500억 원×0.7%)으로 연간 약 7,000만 원 수준으로 볼 수 있다. 대형 공사의 경우 연봉 6,000만 원을 주고 안전관리자 1명을 고용하게 된다면 전체 안전관리비의 대부분이 인건비로 지출되고, 나머지 1,000만 원이 안전시설 및 개인보호구 등의 안전관리비로 사용될 뿐이다.

나. 2010.8.9. 건설업 산업안전보건관리비 계상 및 사용기준(고시 제2010-10호)
【별표 2】 안전관리비의 항목별 사용내역
1. 안전관리자 등의 인건비 및 각종 업무수당 등
가. 전담 안전·보건관리자의 인건비 및 업무수행 출장비
나. 유도 또는 신호자의 인건비
다. 직·조·반장 등의 안전업무수당(월 급여액의 10퍼센트 이내)
라. 안전·보건보조원의 인건비
2. 안전시설비 등
3. 개인보호구 및 안전장구 구입비 등
4. 사업장의 안전진단비 등
5. 안전보건교육비 및 행사비 등
6. 근로자의 건강관리비 등
7. 건설재해예방 기술지도비

결국 안전관리비가 부족한 게 아니라 안전관리비 대부분이 안전관리자의 인건비로 지출되도록 한 안전관리비 사용 기준이 문제다. 하도급업체가 할 수 있는 안전관리란 사실상 없다. 공정이 지연된 경우에는 위험하다는 하도급업체 보고를 묵살하기까지 한다. 원도급업체 직원은 지시만 해놓고 안전한 사무실에서 보고를 기다리면 되기 때문이다. 안전관리비 부족을 안전사고 발생 원인으로 말하는 것은 제대로 모르고 하는 소리다. 백 보를 양보하여 안전관리비가 부족하다고 한다면, 애초 설계상 안전관리비를 그대로 반영하여 입찰하도록 하면 되지 않을까. 입찰 시 설계상 안전관리비 금액에 대해서는 감액 없이 100% 그대로 입찰하도록 하면 될 일이다. 그렇다고 해서 하도급업체에 적용된 0.2%의 안전관리비 요율이 적정하다는 건 아니다. 문제는 원도급업체가 수주한 공사의 안전관리비 부족마저도 하도급업체에 전가하는 행태와 아울러, 안전관리비 대부분이 원도급 소속 안전관리자의 인건비로 지출된다는 사실을 정확히 알아야 한다는 것이다.

1930년대 초 미국 보험회사의 관리 감독자였던 하인리히(H. W. Heinrich)는 약 5,000여 건의 산업재해를 분석해본 후 '1:29:300'이라는 하인리히 법칙을 만들었다. '1:29:300'은 대형 사고 1건이 발생하기 전에 같은 요인으로 유사한 29건의 경미한 사고가 있었고, 그 경미한 사고 이전에는 같은 원인에서 비롯된 사소한 증상들이 300건이나 있었다는 것이다. 하인리히 법칙에 따르면, 수십 건의 유사한 경미한 사고를 제대로 관리하면, 대형 사고를 예방할 수 있다는 것으로 해석이 가능하다. 사실 안전사고는 공사비보다는 안전관리와 직접적인 관련이 있다. 이는 안전관리자의 역할이 중요하며, 어떠한 방식으로 안전관리를 수행하느냐에 따라 재해 발생 여부가 달라짐을 의미한다. 때문에 건설업체들은 전사적으로 안전관리에 집중하고 있으며, 나름 엄격한 자체 기준을 설정하여 운영하고 있다. 그러나 관심을 쏟는 만큼 안전사고를 숨기는 산재은폐만 높아질 뿐, 권한을 가진 실질적인 안전관리가 이루어지지 않고 있는 것이 현실이다. 특히 원도급업체에서 건설노동자를 전혀 고용하지 않고 있으므로, 안전관리의 주 대상인 노무관리가 전적으로 하도급업체에게 넘겨진 것이 큰 이유이기도 하다.

안전사고의 치명적 문제, 건설노동자의 감소 촉진

건설현장 하도급행위의 실질적 이득자는 원도급업체이다. 더 정확하게 말하면 완성된 목적물을 소유하게 되는 발주자가 실질적 이득자다. 이를 위해 원·하도급업체 임직원과 건설노동자가 총동원되는데, 정작 안전사고가 생기면 밑바닥의 가장 힘없는 건설노동자와 하도급업체에게로 온갖 책임이 집중된다. 건설현장에서 발생하는 안전사고의 가장 치명적인 문제는 건설노동자의 자연감소를 촉진시킨다는 점이다. 경미한 안전사고의 경우에는 일정 기간의 치료 후에 현장으로 복귀할 수 있다. 하지만, 타 산업에 비해 가장 높은 비율로 발생하는 사망사고와 신체장애로 이어지는 중대 안전사고의 경우에는 그만큼 노동인력 감소라는 결과를 낳는다. 우리나라에서 숙련된 건설노동자가 부족하다는 문제가 제기된 지는 오래됐다. 건설업체는 건설노동 행위의 수혜자이지만, 건설노동자 양성에는 거의 기여하지 않고 있다. 건설노동자 양성을 위해 투자하는 비용이 거의 전무하다. 직접시공이 의무화되지 않은 상황에서 건설노동자를 양성하여 직접 고용하려는 건설업체가 오히려 이상한 상황이 됐다.

올바른 정책은 안전사고에 대한 처벌 강화가 아니라 안전사고 예방에 치중해야 한다. 고용노동부는 2014년도 건설업의 사망사고가 대폭 감소(2013년 507명, 2014년 393명; 산재 통계의 건설업 사망자 수보다 적은 까닭은 과실 없는 경우를 제외했기 때문)했다고 보고하면서(2015. 1. 20.), 감소 원인으로는 고위험 사업장에 대한 안전관리 강화, 원도급의 하도급근로자 안전관리책임 확대, 중대재해 발생 사업장에 대한 작업 중지를 비롯한 강력한 제재 등의 정책 효과라고 설명했다. 2014년 4월 세월호 참사에 따른 안전의식과 관리 강화에 기인하여 사망사고가 대폭 줄어들었다고 덧붙였다. 발주청의 관심과 원도급업체에 대한 책임의식이 부과되면 안전사고가 줄어들게 된다는 것을 정부는 잘 알고 있다.

최근 공조직이 가장 선망받는 직업군으로 떠오른 상황이다. 해당 발주기관 책임자에게 안전사고에 대한 책임을 묻게 된다면 책임 발생 여지를 원천봉쇄하기 위해서라도 자신이 보유한 재량권을 총동원하여 안전사고 예방에 나서게 될 것이다. 이것이 권한을 주는 만큼 책임을 부과해야 하는 이유다.

하도급업체가 아니라 원도급업체를 사업주로 정의해야

공상처리는 〈산업안전보건법〉에 규정한 산재신고 및 처리를 하지 않는 것으로, 적발시 과태료 부과 대상이 된다. 일반적으로 공상처리비는 하도급업체가 현금으로 안전사고 피해자에게 먼저 지급한후, 원도급업체로부터 표시 나지 않게 다른 명목으로 비용을 지급받는다. 원·하도급업체의 이런 상호 불법행위는 하도급업체에겐 직접적 이득이 없는 듯하지만, 공상처리에 협조하는 대가로 향후 지속적인 거래관계 형성을 보장받을 수 있는 이득을 제공한다. 결국 공상처리 관행은 원·하도급업체 간의 끈끈한 공생관계를 재생산한다. 원·하도급업체 간 공생관계는 내부자가 아니고서는 외부에서 산재은폐를 적발하지 못하게 막는 원인이기도 하다.

우리나라 건설공사는 두 개 이상의 전문건설업체에 나눠서 하도급할 수 있기에, 실제 공사 대부분은 하도급업체가 수행한다. 하도급업체가 최일선에서 작업하는 건설노동자를 고용하는 당사자가 된다. 〈산업안전보건법〉에 따르면 우리나라는 하도급업체가 사업주에 해당한다. 하도급업체가 건설근로자와 근로계약을 체결하는 당사자이기 때문이다. 산재에 대한 신고의무는 사업주인 하도급업체에게 주어지는데, 하도급업체는 각종 행정제재에서 상대적으로 자유로운 까닭에 하도급단계에서 산재은폐가 관행화되는 구조를 제도 스스로 만들어준 꼴이 되어버렸다.

〈고용보험 및 산업재해보상보험의 보험료징수 등에 관한 법률〉 제9조(도급사업의 일괄적용) 제1항은 "건설업 등 대통령령으로 정하는 사업이 여러 차례의 도급에 의하여 시행되는 경우에는 그 원수급인을 이 법을 적용받는 사업주로 본다"라고 명시하고 있다. 산재보험료라는 금전과 관련해서는 원수급인을 사업주로 못 박아놓았다. 보험료를 징수할 때는 쉽게 징수가 가능한 원도급업체로부터 산재보험료를 징수한다. 〈산업안전보건법〉 제2조(정의)는 "사업주란 근로자를 사용하여 사업을 하는 자"라고 정의하여, 하도급업체를 사업주로 규정했다. 원도급업체로 하여금 안전보건관리 책임을 부여했지만, 안전사고 책임에 대해서는 하도급업체에게 책임 대부분을 전가해버렸다. 이로 인해 원도급업체에 대한 사법적 책임이 대폭 줄어들게 만들어놓았다. 원도급업체로서는 실로 다행스러운 일이 아닐 수 없지만 이는 결코 바람직하지 않다. 형사적 책임 면에서는 원도급 현장소장과 안전관리자에게 책임을 부과하고 있지만, 하도급업체에 대한 책임 부여에 비하면 월등히 낮아진다.

현행 법령은 산재보험료에 대해서는 원도급업체에게 의무를 부여한 반면, 안전사고에 대해서는 하도급업체에게 가장 큰 책임을 부여하고 있다. 이 두 가지를 모두 원도급업체로 일원화해야 한다. 〈산업안전보건법〉상 사업주의 정의를 원도급업체로 못 박아야 한다. 안전사고에 대한 책임 또한 원도급업체에게 일임해야 하며, 하도급업체에 의한 안전관리 책임을 원도급업체가 담당하는 것이므로 논리적으로도 문제될 것이 없다. 사실 관행적으로 고착화된 공상처리는 하도급업체를 통해 이루어지고 있는 바, 이를 방지하기 위해서는 원도급업체에게 직접 법적 제재가 적용될 수 있도록 해야만 지금과 같은 상황이 반복되지 않는다. 물론 가장 큰 권한을 가진 발주청에 대한 책임부여는 지극히 당연하다.

3. 무관심이 만든 고령화

현대 경영학의 아버지로 불리는 피터 드러커는 『변화 리더의 조건』에서 시장의 추세를 파악하는 데 가장 중요한 것은 인구구조 변화이며, 인구통계의 변화는 미래와 관련된 것 가운데 정확한 예측을 할 수 있는 유일한 사실이라고 강조했다. 채권왕이라 불리는 세계적인 투자전문가 빌 그로스(Bill Gross)는 "만약 내가 향후 몇 년 동안 아무런 통신 수단도 없는 외딴 섬에서 살아야 하는 상황에서 단 한 가지 정보만을 얻을 수 있다고 한다면, 그것은 바로 인구 구성 변화에 대한 정보일 것이다"라고 말했다.

■ 사례

경기도 안산에서 목수 일을 하고 있는 건설업 경력 30년이 넘은 K씨(62세)의 경우를 보자. K씨는 30대 아들과 단둘이서 연립주택에 살고 있다. 60세를 훌쩍 지난 탓에 한 달 일할 수 있는 날이 고작 열흘 정도다. 같이 살고 있는 아들은 남들이 선망하는 직장을 갖지 못해 K씨는 오늘도 목수 일을 하고 있다. 나이가 많아지다 보니 꾸준한 작업이 이루어지는 공공공사에는 나가지 못하는 실정이다. K씨는 3D의 열악한 노동여건으로 가정경제가 순탄치 않고, 빈곤층 생활수준이 아들에게까지 대물림되는 상황이다. K씨뿐만이 아니라 우리나라 건설일용직 근로자의 일반적 상황이다. 그나마 K씨의 열흘 남짓의 일거리는 지역의 건설노조 지부에서 배려해준 것이다.

세계에서 가장 빠른 고령국가, 대한민국

한 나라의 개별 산업에 대한 이해를 얻기 위해 단 하나의 정보만 보유할 수 있다면 이는 인구통계가 될 것이다. 인구통계가 현재 상황을 파악하고 미래를 예측하는 데 가장 중요한 자료이기 때문이다.

국제연합에서 규정한 바에 따르면, 65세 이상의 인구가 7% 이상이면 고령화사회, 14% 이상이면 고령사회, 20% 이상이면 초고령사회다. 우리나라는 이미 2000년 고령화사회로 진입했다. 2011년 통계청이 발표한 장래인구 추계에 따르면, 우리나라는 2017년 고령사회로 진입하여 2005년 예상치보다 1년 빠르다. 2026년에는 초고령사회로 진입이 예상된다. 26년 만에 고령화사회에서 초고령사회로 진입하는 국가가 되는 셈이다. 프랑스의 155년, 일본의 36년보다 월등히 빠르다. 우리나라는 세계에서 가장 빨리 늙어가는 나라다.

〈표 2-9〉 주요국 고령사회 도달연도

구분	도달연도			소요연수	
	고령화사회 (7%)	고령사회 (14%)	초고령사회 (20%)	고령사회 도달	초고령사회 도달
한국	2000	2018	2026	18	8
일본	1970	1994	2006	24	12
독일	1932	1972	2010	40	38
미국	1942	2014	2030	72	16
프랑스	1864	1979	2019	115	40

*통계청, 장래인구특별추계, 2005

고령화 문제는 노동력의 고령화로 직결된다. 우리나라 건설산업의 상황은 더욱 심각하면서도 성격은 조금 다르다. 젊은 층의 실업률이 사상 최고를 기록하면서도 건설업을 직업으로 택하려는 청년이 거의 없다는 점이다. 근본적인 이유는 세간에서 언급되는 청년층의 안이함 때문이 결코 아니다. 우리나라 건설업이 청년에게 비전을 제시하지 못하고 안정적인 생활을 보장해주지 못하기 때문이다. 만약 건설업 종사자에게 3D 상황을 상쇄할 정도의 임금을 준다면 우리나라 젊은이들도 건설노동시장에 앞다투어 진입할 것이다.

우리나라에서 선호하는 직업군에 대해 잘 요약한 내용이 있어 그 일부를 여기에 옮겨본다(김대호, 『2013년 이후』, 349쪽).

한국은 그 어떤 나라보다도 공공 부문에 대한 선호도가 높다. 또한 국가가 자격증으로 보호해주는 직업에 대한 선호도도 높다. 그러다 보니 국가가 공인하지 않는 무늬만 자격증인 산업(?)이 융성하여 무려 2천여 개의 민간자격증(한국직업개발원 집계)이 양산되었다. 어쨌든 한국의 구직자 선호도로 보면 공무원, 공기업, 그리고 국가가 면허증으로 보호하는 전문 직업은 조선시대 양반 관료와 같은 위상을 가지고 있다. 정대영은 주변을 탐문하여 직관적으로 한국의 직업 선호도를 이렇게 정리했다.

① 교수, 판사, 검사, 5급 공무원, 의사, 한의사, 변호사
② 대우 좋은 공기업
③ 은행, 7급 공무원, 교사
④ 일반 공기업

⑤ 삼성·현대·LG 등

⑥ 9급 공무원

⑦ 일반 대기업

⑧ 중소기업

매우 공감이 간다. 적은 양의 노동력으로 높은 수준의 안정된 대접을 받을 수 있는 분야일수록 경쟁이 치열해지는 것이 인지상정이다. 반대로 어떤 직업군이라도 노동의 질과 양에 비해 처우가 낮다면 해당 직업에 대한 젊은이의 관심은 당연히 멀어질 수밖에 없다. 건설노동 분야가 특히 그렇다. 건설산업에서 건설노동자에 대한 처우는 매우 열악하다. 젊은 청년이 일명 '노가다'로 불리는 건설산업으로 들어올 이유가 없어졌다. 청년이 신규 노동력으로 진입하지 않으면, 건설기능인력은 시간이 지나는 만큼 필연적으로 고령화된다.

하도급업체 현장소장으로 근무하고 있는 C씨는 말한다. "우리 현장은 공사기간이 빠듯하여 돌관공사를 해야 하므로 투입 인력이 많은 편이다. 인부는 목수, 철근공이 주로 일하고 있는데 40대는 거의 없다. 대부분 50대 중반을 넘고 있고, 60대 인부도 적지 않다." C씨가 관리하는 현장의 건설노동자 평균연령은 50대 중반이 넘는다고 한다.

또 다른 현장소장 L씨는 말한다. "외국인 노동자를 25명 정도를 쓰고 있는데 운이 좋은 편이다. 1개 현장마다 외국인 노동자 인원제한이 있어 우리가 전체 TO(Table of Organization, 규정에 따라 정한 인원 수)를 선점한 덕분이다." 그는 외국인 노동자 대부분이 목수와 철근

공 일을 담당하고 있는데, 내국인보다 일당이 적어서 원가에 도움
이 되고 있다고 덧붙였다.

아무도 관심 갖지 않는 건설노동자 고령화

우리나라는 모든 산업 분야에서 고령화가 심각하다. 그중 유달리
심각한 분야는 3D 직업군인 건설노동 분야다. 직업군 중 진입장벽
이 전혀 없는 직종임에도 젊은 층이 거의 들어오지 않아 고령화 속
도는 더욱 빨라진다. 건설산업은 전통적으로 사람에 의존하여 생
산이 이루어진다. 건설 중장비의 비중이 높아졌다고는 하지만, 결
국 건설현장 최일선에서 이루어지는 작업 대부분은 인력으로 수행

[그림 2-5] 40대 이상 건설기능인력 구성비 추이

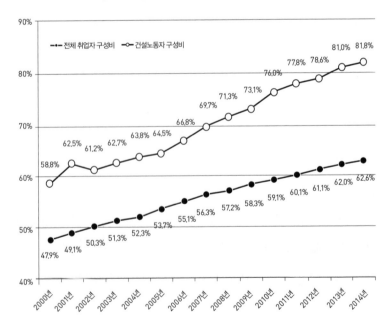

할 수밖에 없다.

40대 이상 건설기능인력 구성비 추이([그림 2-5])를 보면, 2000년경에는 전체 산업과 대비하여 건설노동자 구성비가 약 10%p가량 높았으나(47.9% : 58.8%), 2014년 그 차가 더욱 커져 2000년의 두 배에 가까운 20%p 정도까지 벌어졌다(62.6% : 81.8%). 우리나라 건설노동자 고령화는 전체 산업에 비해 그 속도가 월등히 높다. 2013년부터는 10명 중 8명 이상이 40대 이상이다. 참고로 [그림2-5]에서의 건설노동자는 통계청 통계자료에서 기능원 및 관련 기능종사자, 장치기계 조작 및 조립종사자, 단순노무종사자 등을 추출한 것이다.

[그림 2-6]은 통계청의 건설업 취업자 연령분포(2000년 vs. 2014년)를 그래프로 비교한 것이다. 건설업 취업자 전체를 대상으로 한 것으로, [그림 2-5]의 건설기능인력보다는 고령화가 완화되어 보이는 측면이 있다. 그럼에도 그래프는 시간이 지난 만큼 오른쪽으로 이동했음을 확연히 보여준다. 2000년의 30대, 40대가 10여 년이 지난 2013년에는 40대, 50대로 늙어갔다. 40대 이상 종사자 비중은 14년이 지나면서 49.5%에서 75.5%로 폭등한 반면, 20대의 비중은 17.2%에서 6.7%로 급감했다.

우리나라가 건설산업에 대해 무관심한 것과 마찬가지로 건설노동자의 고령화 문제 또한 그냥 넘겨버릴지도 모르겠다. 하지만 현재까지 지구상에서 가장 빨리 고령화가 진행된 일본보다 더 심각하다면 그냥 흘려보낼 수 없는 문제다. 통계청의 장래인구 특별추계를 보면 우리나라의 초고령사회 진입은 일본보다 20년 이후인 2026년이다. 일본의 고령화는 큰 사회 문제로서 자주 인용되고 있다. 일본은 2006년 이미 전 세계에서 가장 빨리 초고령사회에 진입한 나라다. 일본의 노동시장도 고령화 특징이 뚜렷하게 나타나고 있다. 일본 총무성의 「노동력조사」 자료에 따르면 2000년의 경우 29세 이하 연령비율은 건설업 20.5%, 전산업 22.8%로 차이가 2.3%p, 55세 이상 연령비율은 건설업 24.8%, 전산업 23.5%로 차이가 1.3%p로 거의 없었다. 그러나 2015년의 경우 29세 이하 연령비율은 건설업 10.8%, 전산업 16.2%로 차이가 5.4%p, 55세 이상 연령비율은 건설업 33.8%, 전산업 29.2%로 차이가 4.6%p로 격차가 벌어졌다. 일본이 전반적으로 고령화 추세에 있기 때문에 29세 이하 연령비율과

[그림 2-6] 건설업 취업자 연령분포 비교(2000년 vs. 2014년)

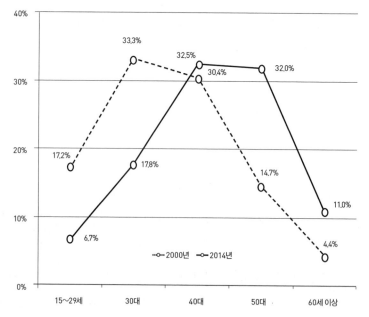

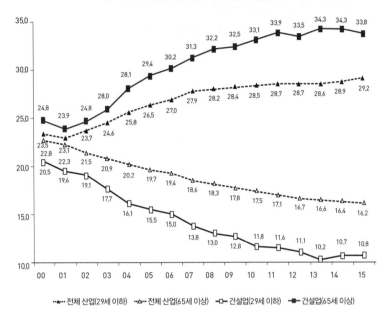

[그림 2-7] 일본 건설업 취업자 연령구성 추이

*···▲··· 전체 산업(29세 이하)   ···△··· 전체 산업(65세 이상)   ─□─ 건설업(29세 이하)   ─■─ 건설업(65세 이상)

55세 이상 연령비율의 차이가 점점 커지는 것은 어쩌면 당연한 결과라고 할 수 있겠다. 일본 또한 건설업 취업자의 고령화가 심각하지만, 2013년을 기점으로 전체 산업 평균과의 격차가 미세하게 소폭이나마 줄어들고 있다.

우리나라 건설기능인력 중 50대 이상은 43.0%로서, 일본의 55세 이상 33.8%와 비교해도 높은 수준이다. 우리나라 건설업의 높은 고령화 가속도는 젊은 층의 진입 단절을 의미하기 때문에 그 심각성이 매우 크다. 반면 29세 이하 건설업 종사자 비율은 고령화가 가장 일찍 시작된 일본보다 월등히 낮다. 2000년 17.2%였으나, 2014년에는 약 1/3 수준으로 감소한 6.7%에 불과했다. 고령화가 심각한 일본 건설업의 29세 이하 취업자 비중은 2000년 20.5%에서 2015년 10.8%로 절반가량으로 감소했다. 문제는 우리나라의 29세 이하 취업자 비중의 감소폭이 더욱 심각하다는 데 있다. 29세 이하 취업자 비중이 일본은 9.7%p 감소한 반면, 우리나라는 10.5%p나 줄어들었다.

정부, 건설노동자 실태조사 꺼리고, 장비운전원은 아예 안 해

건설근로자공제회의 건설현장 일용근로자의 의식실태조사(2011년)에서 건설노동자의 연령대를 보면, 40세 이상 비중이 80.5%로서 [그림 2-5]의 연령구성비 추이와 비슷하다([그림 2-8]). 건설근로자공제회의 실태조사 결과에 따르면 29세 이하는 5.1%에 불과한 반면, 60세 이상은 11.9%였다. 안타깝지만 현재로서는 건설기능인력 고령화에 대하여 뚜렷한 대책이 없어 보인다. 정확하게는 대책수립에 대한 노력이 없다고 볼 수 있다. 건설노조의 한 간부는 정부(노동부)에게 건설기능인력에 대한 대책을 물어보면 아무런 반응이 없어서 무대책이 대책이라는 느낌마저 든다고 하소연한다.

건설장비운전원에 대해서는 실태를 파악할 생각도 하지 않는다. 장비운전원을 정책의 대상으로 삼고 있는 중앙정부 부처가 정확히 어디인지도 모호한 실정이다. 고용노동부는 1인 차주 장비운전원이 〈근로기준법〉상의 노동자가 아니라면서 외면하고, 국토교통부는 건설기계에 대한 관리업무만 담당하고 있다면서 건설기계 운전사인 장비운전원은 소관대상이 아니라고 할 뿐이다. 그렇다 보니 장비운전원에 대한 실태조사가 사실상 이루어지지 않았다. 정확한 실태조사조차 하지 않는데, 효과적인 대응책을 마련하지 못하는 게 어

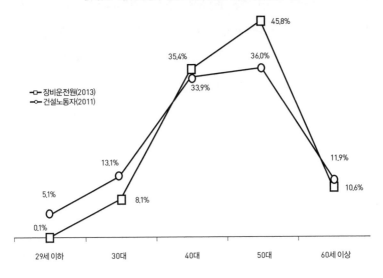

[그림 2-8] 최하층부 건설노동자그룹 연령대 구성비 비교

- ㅁ 장비운전원(2013)
- ㅇ 건설노동자(2011)

29세 이하 | 30대 | 40대 | 50대 | 60세 이상

0.1% 5.1% / 8.1% 13.1% / 35.4% 33.9% / 45.8% 36.0% / 11.9% 10.6%

쩌면 당연해 보인다.

상황이 이렇다 보니 장비운전원으로 건설산업에 신규로 진입하는 인력은 적고, 시간이 흐른 만큼 장비운전원은 더 늙어갈 수밖에 없다. 우리나라 건설노동자 고령화도 심각한 만큼 장비운전원의 고령화 또한 여간 심각하지 않다. 이에 참다못한 건설노조는 2013년 건설공사의 3대 주요 장비인 덤프트럭, 굴삭기, 믹서트럭에 대한 실태조사를 실시했다. 설문조사 결과 장비운전원의 고령화는 건설기능인력보다 더 심각한 상황으로 나타났다. [그림2-8]은 건설노동자와 장비운전원의 연령구성비를 비교한 것이다. 건설노조의 「건설기계실태조사 및 분석」 보고서(2013년)는, 50세 이상 장비운전원이 절반을 상회하는 56.4%로 가장 많았다. 이들을 포함한 40대 이상 연령층은 91.8%다. 공적기구의 조사 결과가 아니므로 정부가 이를 곧이곧

대로 받아들여야 할 의무는 없다. 하지만 적어도 우리나라 건설현장의 장비운영 실태에 조금이라도 관심을 가진다면 현 상황이 얼마나 심각한 것인지 분명히 알아야 할 대목이다. 장비운전원이라는 직종 또한 젊은 층의 유입이 없기에, 장비운전원 고령화라는 필연적인 결과에 씁쓸할 따름이다. 고령화에 대해 그 누구도 뾰족한 대책을 제시하지 못하고 있고, 아무도 대책을 강구해야 한다고 나서지 않는다는 점에 문제의 심각성이 있다.

노령층의 사망재해, 종사자 수 대비 가장 높아

고용노동부의 2013년도 산업재해 현황 분석 자료인 〈표 2-10〉을 보면, 사망사고는 50대 연령자가 가장 많고 60대 이상이 그 다음을 차지하고 있다. 50대 종사자 수는 36.0% 정도이나, 사망자 수 비중은 42.5%로서 6.5%p 정도 높았다. 문제는 60대의 사망자 비중이 종사자 수 비중보다 두 배가 훨씬 넘는다는 점이다. 건설현장 작업이 육체노동 중심이 되다 보니, 근력 활동이 상대적으로 떨어지는 노령층의 안전사고 발생률이 다른 연령층보다 높은 것은 어쩌면 불가피한 상황일 것이다.

〈표 2-10〉 건설업 연령별 사망사고 현황(2013년)

연령대	29세 이하	30~34세	35~39세	40~44세	45~49세	50~54세	55~59세	60세 이상
인원수 (567명)	8	19	17	59	69	127	114	154
	1.4%	6.3%		22.6%		42.5%		27.2%
종사자 구성비	5.1%	13.1%		33.9%		36.0%		11.9%

우리나라 건설현장은 젊은 층의 신규 진입이 거의 없는 상황이라 기존 고령층의 작업 투입이 불가피하다. 건설노동자의 경우 60대가 되어도 안정적인 생활이 보장되지 못하고 있어 나이가 들어도 모두가 기피하는 3D 일을 계속해야 한다. 대부분 일용직으로 고용되는 건설노동자는 숙련도가 쌓여도 다른 분야처럼 진급이나 승진이란 개념이 아예 없고, 항상 똑같이 현장 육체노동에 투입돼야 한다. 물론 건설업에서 퇴직한다 하여 공무원이나 대기업 퇴직자 수준의 퇴직금은 꿈도 꿀 수 없는 상황이다. 일용노동자는 날마다 채용되고 날마다 해고되는, 매우 질 낮은 일자리 종사자라서 이런 대우를 받아야 하는 것일까.

저가 외국인 노동자 유입을 고령화 대책으로 삼는 한심한 대한민국

2014년 50대 종합건설업체 CEO들은 고용노동부장관과의 '건설산업 안전보건리더 회의'에서 안전재해가 고령자와 외국인에게서 많이 발생하고 있다면서, 젊은 인력 유입 고용대책 마련을 제안했다는 보도기사가 있었다(《건설경제》, 2014. 9. 16.). 고령화는 단순히 일자리 차원을 넘어 건설산업의 가장 심각한 문제인 안전 문제와도 직결된다는 인식에 공감하는 것처럼 보이는 대목이다. 그러나 종합건설업체의 모임인 대한건설협회는 오히려 건설업종에 대한 고용허가제(E-9) 인원수를 당시 2,350명(2013년은 1,600명)에서 5,000명으로 늘려달라고 요구했다. 현재 건설업 취업등록제(H-2)에 따라 최대 5만 5,000명까지 고용 가능한 상황인데도 말이다. 대한건설협회의 제안은 한국건설산업연구원의 「건설현장 외국인 근로자의 효율적 관리

방안」보고서에 근거하고 있다. 종합건설업체 CEO들이 요구한 젊은 인력 유입 고용대책이 사실은 저가의 외국인 노동자 고용허가를 늘려 달라는 것으로 귀결됐다. 이런 주장이 버젓이 제기되고 있는 우리나라의 건설노동시장은 정부의 무관심과 무대책의 결과다.

이런 황당한 주장은 집권 여당 대표의 입에서도 나왔다(2016. 1. 29.). 당시 김무성 대표(새누리당)는 당의 저출산대책특별위원회 7차 회의에서 "독일은 출산율이 1.34까지 내려가서 이민을 대거 받았더니 터키에서 몇 년 만에 400만 명이 몰려와서 문을 닫았다. 〔……〕 우리는 조선족이 있어서 문화 쇼크 줄일 수 있다. 〔……〕 조선족을 대거 받아들여야 한다"라고 했다. 입법부에서 최고 지도자라 할 수 있는 여당 대표의 입에서 '재중동포'가 아닌 '조선족'이란 비하적 표현을 사용한 것도 문제이지만, 외국인력 유입을 저출산 대책으로 생각하는 참담한 인식 수준이 더 심각한 문제다. 저출산 현상에 대한 정확하고도 엄밀한 원인분석이 없다 보니 지도자로서는 용인할 수 없는 저급한 발언이 나온 것이다. 이를 비난하는 야당 또한 마찬가지로 제대로 된 대책이 없기에 이 나라의 앞날이 걱정스럽다. 건설 노동자가 정치권을 외면할 수밖에 없는 형국이다.

현재 우리나라는 건설현장에 외국인 노동자를 합법적으로 고용할 수 있는 두 가지 제도를 마련해두고 있다. 고용허가제와 건설업 취업등록제다.

고용허가제는 〈외국인근로자의 고용 등에 관한 법률〉에 따라 2004년 8월부터 시행되고 있다. 고용허가제는 고용허가서를 발급

구분	고용허가제(E-9)	건설업 취업등록제(H-2)
대상자	양해각서 체결한 국가 (베트남, 타이 등 15개 국가)	외국 국적 동포 (중국 등 11개 국가)
체류 및 취업 기간	3년 (재고용 시 1년 10개월 연장)	5년 유효 1회 연장 최장 3년 체류 가능
도입 규모	1년간 2,300명＋α(누적 가능) 최대 1만 2,000명 정도	최대 5만 5,000명(누적 불가)

받은 건설업체가 국비전문취업사증(E-9)을 발급받은 외국인 근로자를 고용할 수 있는 제도로서, 국내에서 14일 이상 구인 노력을 하고서도 인력을 구하지 못한 기업이 대상이다. 고용규모는 연간 약 2,300명+α로서 최대 1만 2,000명(5년) 정도다.

건설업 취업등록제는 2007년 3월 방문취업제 시행 이후 건설현장에서 외국 국적 동포의 급증으로 인한 내국인 일자리 잠식 문제가 제기되자, 2009년 5월부터 시행되고 있는 제도다. 특례고용가능확인서를 발급받은 건설업체가 방문취업사증(H-2)으로 입국한 외국 국적 동포를 고용할 수 있는데, 고용규모는 최대 5만 5,000명 정도다.

청년을 유혹할 수 있는 일자리로 만들어야

『박종훈의 대담한 경제』「청년」 편에서는 '3D 산업을 기피하는 청년을 욕하지 마라!'라는 제목으로 2011년 11월 《월스트리트저널》이 소개한 웨스턴오스트레일리아 주 지역 지하광산에서 일하는 7년 경력의 광부 제임스 디니슨을 소개했다. 이 광부의 연봉은 20만 호주달러(한화로 2억 4,000만 원)로 전체 노동자 평균 연봉의 두 배에 가깝다고 했다. 1996년 독일 뮌헨에서 발생한, 우리로서는 이해하기 어려운 파업도 소개했다. 자국민의 절반 수준인 외국인 노동자 임금을 자신과 동등하게 올려 달라는 독일 건설노동자의 파업이었다. 당시 독일 산업 대부분은 노사합의 등으로 외국인에 대해서도 내국인과 동일한 임금과 근로조건을 적용하고 있었지만, 건설업은 이 같은 합의가 없는 탓에 건설업체가 외국인을 반값 이하의 임금으로 고용하고 있다는 이유 때문이었다. 임금이 동일한 상황에서는 기업이 자국민 대신 외국인을 먼저 채용할 이유가 없으므로, 결국 독일 건설노동자는 자신들의 빼앗긴 일자리를 지키기 위해 파업을 벌였다는 내용이었다.

4. 장비운전원, 그들도 대한민국인가?

알제리는 한때 프랑스의 식민지였다. 2차 세계대전 이후 알제리의 독립의지가 높아졌지만, 프랑스에서는 식민지를 유지하자는 목소리가 다수였다. 프랑스는 알제리에 대한 식민지 유지파와 (군대) 철수파로 양분됐고, 그 와중에 알제리에서 독립전쟁이 일어났다. 그러자 프랑스에서 가장 존경받는 지식인 사르트르는 말과 글로 식민지 정책의 비인간성·반역사성을 강하게 외쳤을 뿐만 아니라, 알제리의 독립자금 전달책임자로까지 나서게 됐다. 사람들은 그를 반역죄로 다스려야 한다고 주장했다. 이때 샤를 드골 대통령은 이렇게 말했다. "그냥 놔두게, 그도 프랑스야." 드골은 결국 1962년 알제리의 독립을 국민투표로 가결하여 7년 넘게 지속된 알제리 전쟁을 종식시켰다.

드골이 위대한 정치지도자로, 사르트르가 프랑스가 낳은 위대한 사상가로 기억되는 까닭을 "그도 프랑스야"라는 드골의 이 한마디에서 간명하게 이해할 수 있지 않을까. 같은 말을 우리나라 건설노동자에 빗대어 말하기에 딱 들어맞지는 않겠지만, 적어도 지금까지 철저히 소외돼왔던 건설노동자에 대한 포용과 이해를 환기시키기에 드골의 말이 적절하지 않을까 싶다.

스스로에게 질문을 던져보자. 우리는 주변에서 땀 흘려 일하는 사람들을 대한민국으로, 대한민국 국민으로 받아들이고 있는가.

■ 사례

몇 년 후면 60세가 되는 덤프트럭 운전기사 P씨. P씨는 덤프트럭 운전경력 30년의 베테랑이다. 한 달에 평균 20일 정도 일을 하지만 경비를 제외하면 평균 순수입은 100만 원에 불과하다. 외환위기 당시에도 한 달 평균수입은 100만 원이었다. 그 사이 경력이나 숙련도는 고사하고 물가상승분조차도 반영되지 않은 셈이다.

이제 나이가 들어 현재 운행하는 여섯 번째 덤프트럭은 처음으로 할부가 아니라 완납으로 구매를 했다. 건설현장에서 덤프트럭 운행은 대부분 탕뛰기로 이루어지다 보니, 무모한 단가경쟁 탓에 건설일용직보다 더 수입이 낮아지고 있음을 우려한다. 상황이 점점 더 어려워지고 있지만 그동안 만들어온 인맥과 거래처들이 아까워 설불리 다른 직종으로 옮기기도 쉽지 않다.

건설장비운전원의 가장 큰 걱정거리는 안전사고라고 한다. 주변 장비운전원 상당수는 가정파탄자와 신용불량자인데, 사고가 나면 산재처리가 되지 않고 모두 운전자가 책임을 져야 하기 때문이다. 그저 하루하루 사고가 안 나기만을 하늘에 빌 뿐이다. P씨는 그나마 큰 사고 없이 근근이 살아가고 있으므로 상대적으로 다행스러운 축에 속한다고 스스로 위안하고 있다.

건설현장 장비운전원 최소 25만 명, 소외된 제3의 국민

건설산업의 가장 밑바닥 도급단계에 종사하는 사람들이 바로 건설현장 장비운전원이다. 우리나라 건설기계의 건설현장 참여방식은 거의 대부분 임대방식이다. 건설기계를 임대방식으로 운영하는 경우, 장비운전원이 건설기계가 아님은 분명하지만 노동자로도 규정되어 있지 않아 시쳇말로 정체가 모호한 집단으로 전락했다. 국토교통부는 건설기계(Hardware) 관리 업무를 위해 〈건설기계관리법〉을 운영하고 있을 뿐, 사람에 해당되는 장비운전원에 대해서는 관심이 없다. 고용노동부는 1인 차주 장비운전원을 〈근로기준법〉상의 근로자가 아니라는 이유를 들어 무관심으로 일관하고 있다. 정부가 건설공사에서 가장 중요한 역할을 담당하는 장비운전원을 정책대상에서 제외한 것이다. 거의 유일한 조치는 장비대금 체불방지 정도니, 이렇게 철저히 소외받는 장비운전원은 제3의 국민이라 불릴 만하다.

그럼 장비운전원은 과연 몇 명이나 될까? 소외시켜도 될 만큼 극소수에 불과할까? 국토교통부의 2016년 6월 30일 기준 「건설기계 현황 통계」를 보면, 총 45만 대 중 지게차 16만 8,000대를 제외하면 건설현장에서 가동되는 건설기계는 약 28만 대다. 건설기계 1대당 최소 1명 이상의 운전원이 있어야 하므로 장비운전에 종사하는 노동자는 최소 25만 명이라 할 수 있다. 하지만 25만 명의 국민에 대해 정부의 공식적인 실태조사는 전혀 없었다. 정부가 현 실정에 대해 의도적으로 눈을 감았으니 합리적인 대책이 나올 리 없다. 2017년을 마지막으로 폐지를 앞둔 사법시험 존치와 관련한 최근 논쟁을 보고 있자면 한숨이 나오지 않을 수 없다. 고작 전체 3만 명도 안 되는 법률전문가 집단 진입 자격증 시험방식을 갖고서 나라가 들썩거리고 있으니 말이다. 3만 명은 전체 국민의 0.06% 정도에 불과한 인원수다. 가장 어려운 시험을 통과한 사람들이라고 엄청난 특권을 주다 보니 국민의 0.06%에 불과한 집단이 나라를 좌지우지하는 희한한 나라가 되고 말았다. 대한민국이란 나라가 사람에 대해 노골적으로 차별을 공론화하는 것에 비애감이 든다. 25만 장비운전원과 비교해 1/10 정도에 불과한 법률전문가 집단에게 보내는 관심을, 그것의 1/10만이라도 우리나라 건설현장에서 일하는 장비운전원에게 보여주면 안 될까.

건설공사 설계는 장비운전원 직접고용, 실제운행은 임대와 불법 도급

건설공사의 공사비는 어떻게 책정될까? 설계자는 정부가 정해놓은 산출기준과 가격기준을 토대로 설계공사비를 산정한다. 설계공사비는 원칙적으로 시공 가능한 금액이자 실제 지출되는 비용을 기준으로 산정돼야 한다. 장비운전원 노임은 [그림 2–9]와 같은 과정을 거쳐 설계금액에 책정된다. 시중노임단가 143,601원을 적용하면, 건설공사에 투입되는 장비운전원의 하루 8시간 노임은 23만 9,328원이다.

[그림 2–9] 장비운전원 하루 설계노임 산정식

$$\underset{①}{\underset{\text{운전사}}{\text{건설기계}}} = \underset{①}{\underset{(8시간)}{143,601원}} \times \underset{②}{\frac{1}{8}} \times \underset{③}{\frac{16}{12}} \times \underset{④}{\frac{25}{20}} = \underset{(1시간)}{29,916원} \Rightarrow \underset{(8시간 환산)}{23만 9,328원}$$

장비운전원에 대해 노무비 명목으로 책정되는 노임산정 과정은 [그림 2–9]의 ①부터 ④까지다.

①의 143,601원은 대한건설협회가 발표한 8시간 기준의 '건설기계 운전사' 시중노임단가다(2016. 9. 1. 기준). ②는 ①의 8시간 시중노임단가를 1시간으로 환산한 것이다. ③에서 말하는 16과 12는 개월 수를 의미한다. 그중 16개월은 12개월에다 4개월에 해당하는 비용(상여금 400%)을 포함한다는 의미다. ④는 1개월의 현장투입 가동일을 25일로 보고 그중에서 5일은 정비·관리일 수로 적용하고서, 그 나머지 20일을 실제 작업일 수로 적용한 것이다.

장비운전원의 설계상 노임산정 과정을 유심히 들여다보면 매우 의미 있는 내용이 포함되어 있음을 알게 된다. 우리나라 건설공사의 설계기준이 건설업체로 하여금 장비운전원을 직접 고용하도록 기준을 적용하고 있다는 점이다. 4개월분의 상여금을 반영하는 것은 건설회사가 장비운전원을 직접 고용해야 함을 뜻한다.

이명박 전 대통령의 자서전 『대통령의 시간』을 보면 알 수 있듯이, 1980년대까지만 해도 우리나라 건설회사는 건설장비를 직접 보유하여 직접시공을 담당했다. 자서전은 이 전 대통령이 1968년 3월 현대건설의 서빙고 중기사업소 관리과장으로 발령 난 이야기를 소개한다. 대졸 직원의 중기사업소 발령이 이례적이었다는 이야기와, 갓 수입한 신형 HD16형 불도저 한 대를 완전히 해체·조립하여 장비를 알게 된 이후 정비공의 존중을 얻고 업무를 장악하게 되었다는 이야기다. 이후 중기사업소 관리과장에서 차장, 부장을 거쳐 이사로 초고속 승진하는 내용이 전개된다. 이 전 대통령이 중기사업소를 잘 관리해 당시 경부고속도로 건설도 잘 마무리할 수 있었다는 자랑도 좀 들어 있다. 우리의 관심을 끄는 중요한 대목은 그 당시 우리나라 건설업체가 중기사업소를 직접 운영하여 직접시공을 했다는 사실을 전직 대통령의 자서전을 통해 분명하게 확인할 수 있다는 점이다.

그런데 지금은 어떤가? 설계공사비 산정기준과 같이 건설장비를 직접 보유하고, 장비운전원을 직접 고용하는 경우는 완전히 사라져버렸다. 철저한 경쟁체제의 임대시장만이 가동되고 있다. 원도급업체는 수주한 공사를 조각내서 모두 하도급으로 내려주고, 하도급업체의 장비운영 또한 대부분 임대방식으로 운영되고 있다. 설계와 전혀 엉뚱하게 건설현장이 운영된다. 하지만, 아무도 문제 제기를 하지 않는다.

이제는 건설현장에서 장비의 직접보유와 장비운전원의 직접고용으로 이행되는 경우가 희귀한 일이 되고 말았다. 더군다나 정부는 장비운전원에 대해 관심 갖기를 꺼린다. 상황이 이렇다 보니 건설노조가 직접 나서서 건설기계 실태조사에 착수했다. 2013년 건설노조는 1,588부의 설문을 수거하여 「건설기계 실태조사 및 분석」 보고서를 내놓았다. 대부분 임대방식으로 운영되고 있으며 32% 이상은 불법도급에 해당하는 탕뛰기로 작업이 이루어진다는 조사 결과였다. 덤프트럭 탕뛰기방식은 덤프 1대를 1회 운반할 때의 단가를 책정하여 대금을 지급하는 방식으로, 정부가 불법으로 규정하여 금지하고 있다. 탕뛰기방식은 착취수단이라는 비판과 아울러 과속·과적 등을 유발시켜 안전사고를 증가시킨다는 비판이 상당하다. 건설장비와 관련된 각종 문제의 발생원인은 설계상 직접고용과 달리 실제로는 모두 임대방식으로 방치했기 때문이다. 비정상이 정상인 것처럼 되어버린 우리나라 건설업 실상이다.

3년간 장비대금 체불규모 1조 7,000억 원

건설노조의 「건설기계 실태조사 및 분석」 보고서(2013년)에 따르면, 연평균 수입이 덤프트럭 1,713만 원, 굴삭기 2,709만 원, 믹서트럭 1,919만 원으로 산출했다. 통계청이 조사 발표한 2012년도 남성 임금근로자의 월평균임금액 340만 원과 비교하면, 덤프트럭과 믹서트럭은 절반 정도에 불과했고 굴삭기는 80%에 조금 못 미치는 수준이다. 1인 차주 장비운전원의 장비운영 목적은 노동력 제공에 따른 임금수입이다. 건설현장에서 주요 장비의 임금수입이 낮은 것도 문제겠지만, 이마저도 잦은 체불로 떼이기 일쑤다. 건설현장에서 가장 많이 사용하는 건설장비는 굴삭기와 덤프트럭인데, 위 보고서는 두 개 기종에 대한 3년치 체불규모가 1조 7,382억 원에 달하는 것으로 추정했다. 3년치 평균 체불금액은 덤프트럭 917만 원 및 굴삭기 1,480만 원으로 분석한 결과를 토대로, 전체 등록 대수와 체불비율을 적용한 결과로 추정한 규모다.

〈표 2–12〉 장비대금 체불규모 추정

구분	1대당 3년 평균 체불금액 (a)	등록대수 (2011년) (b)	체불비율 (c)	체불금액 (a)×(b)×(c)
덤프트럭	917만 원	55,695대	74.8%	3824억 원
굴삭기	1,480만 원	121,847대	75.2%	1조 3,558억 원
계				1조 7,382억 원

　　건설업자의 고의부도·잠적 등으로 장비대금 체불사례가 지속적으로 발생함에 따라, 행정부와 국회는 건설기계대여금 체불방지를

위한 지급보증제도를 도입(2012. 12. 18.)하여 6개월 후부터 시행(2013. 6. 19.)하고 있다. 건설노동자 임금지급보증제도가 아직도 도입되지 못하고 있는 상황과 비교하면 장비대금은 그나마 다행스럽다. 그렇다고 장비운전원의 상황이 예전보다 나아졌다고 보이지는 않는다. 2014년까지의 지급보증 발급 현황은 발급건수 19,200건의 보증금액 3,300억 원, 2015년 1월까지의 장비대 지급보증서 발급실적 누계는 발급건수 23,240건의 보증금액 약 4,000억 원이었다. 2014년 말 기준 건설기계 중 지게차를 제외한 장비가 약 27만 대임을 감안할 때, 2015년 1월 말 기준 발급건수 23,240건은 지급보증서 발급률 3.2%(=2만3000건÷27만 대×1/3÷90%)에 불과한 정도다. 추정근거는 임대기간을 4개월 단위로 가정(1/3)했고, 지급보증 대상건수는 전체 장비임대계약의 90%로 했다.

기계대여금지급보증제가 〈건설산업기본법〉에 신설된 이후에, 같은 법 시행규칙에 건설업체로 하여금 대여계약 이행보증서 제출요구권을 신설한 부분은 논쟁의 여지가 많다. 일단 이행보증서 제출요구권은 법률위임 규정이 없다는 점이다. 법률위임원칙을 행정부스스로 위반한 것이다. 다음으로 장비임대차 성격은 대여금지급보증제 신설 전후와 비교해 전혀 달라지지 않았음에도, 지급보증제도 신설 이후에 느닷없이 건설업체에게 이행보증서 제출요구권을 시행규칙에 신설한 점이다. 친건설업계 성향을 보여온 국토교통부의 행태로 볼 때, 장비대여금 지급보증제가 도입되자 건설업체의 민원을 받아들여 법률위임에도 없는 이행보증서 제출 규정을 무리하게 시행규칙에 신설한 것으로 판단된다. 결론적으로, 장비임대계약에 따른 이행보증서 제출 규정이 문제가 되는 까닭은 장비운전원으로 하여금 장비대금 지급보증서 제출요구를 누그러뜨리게 만드는 압박 효과로 활용될 수 있기 때문이다. 지급보증서 발급건수가 현저히 낮은 결과를 보면 능히 짐작이 된다.

장비대금 지급보증서가 발급되는 경우에도 여전히 문제가 쌓여 있다. 우여곡절을 거쳐 장비대여금 지급보증서를 지급받았다고 해도 체불에 대한 위험이 사라진다고 보면 오산이다. 보증회사의 건설기계대여대금 지급보증 약관 사례를 보면, 실제 작업량을 전산장치에 입력한 내용으로 한정하는 조건 및 어음만기일이 60일 초과하는 경우에 보상에서 제외하는 조건 등 보증채무자(보증회사)에게 일방적으로 유리한 내용이다. 이를 뒤집으면 보증 약관이 장비운전원에게 일방적으로 불리해진다. 행정부의 행태로 미루어 장비대금 체불 방지를 위해 도입된 지급보증제도가 제대로 정착되기까지는 상당한 시일이 걸릴 것으로 보인다. 한편 우리 정부는 지급보증 수수료를 건설공사비에 추가로 반영시켰기에 건설업체는 금전적으로 거의 손실이 없다.

장비운전원에 대한 산재보험료 1조 8,293억 원 징수,

하지만 산재처리는 안 해줘

■ 사례

2011년 4월경 작업 중 덤프트럭이 전도되면서 장비운전원 K씨가 운전석에서 튕겨져 나와 전치 6주의 사고가 발생했다. 장비운전원은 산재처리를 받지 못했고 하도급업체 현장소장에 대한 업무상과실

치상도 무죄로 종결됐다. K씨는 현재 원도급 및 하도급업체를 상대로 손해배상 민사소송을 제기한 상태다. 승소 가능성도 불투명한 상태에서, 금번 사고로 K씨는 모든 것을 잃고 말았다.

　장비운전원에게 인간다운 삶을 위해 가장 필요한 정책과 제도를 물어보면, 적정임대료 보장과 같은 수입증가책을 가장 많이 요구한다. 그 와중에 눈에 띄는 것은 산재보험을 적용해달라는 요구다. 직접적 수입증가가 아님에도 산재적용이 필요하다는 요구는 곱씹어 봐야 한다. 장비운전원의 경우 안전사고가 발생하면, 장비파손과 같은 재산적 피해뿐만 아니라 신체적 피해에 따른 노동력 상실이 동반된다. 그리고 장비 작업의 특성상 장비 사고는 대형 사고일 가능성이 매우 크다. 앞서 언급한 것처럼 설계공사비 산정 시 장비운전원은 직접노무비로 책정되기 때문에 누가 봐도 공사현장에서 산재보험 적용대상이 돼야 한다. 산재보험제도는 4대 보험 중 가장 먼저 도입된 사회안전망이다(1964. 7. 1.). 가장 먼저 도입된 이유는 산업현장에서 노동자의 노동력 상실은 모든 것을 잃는 것과 마찬가지라 이에 대한 사회안전망이 가장 시급했기 때문일 것이다. 하지만 현실은 그렇지 않다. K씨 사례에서 보더라도, 장비운전원은 건설공사 산재보험 적용을 받지 못하고 있다.

　건설공사의 산재보험료 산정방식은 매우 특이하다. 건설업을 제외한 모든 사업장의 산재보험료는 지출된 임금총액을 기준으로 산정지만, 유독 건설공사는 공사비에 고용노동부 고시의 노무비율을 적용한 것으로 임금총액으로 추정하고 이를 근거로 산재보험료를 확정한다[산재보험료(설계금액)=(직접노무비+간접노무비)×요율]. 산재보험료 확정은 외주비(하도급 계약금액)에 고용노동부 고시의 하도급 노무비율을 곱한 금액을 임금총액으로 추정하고, 이를 근거로 보험료를 확정한다[확정보험료=[직영근로자 보수+(외주비×하도급 노무비율 32%)]×보험료율]. 우리나라는 하도급에 의한 공사수행이 보편화됐기에 약간의 조정이 가미된 것이다. 건설공사가 임금총액을 산정하지 않고 노무비율을 적용하는 이유에 대해, 정부는 건설공사의 경우 노무비 보수총액을 산정하기 어렵다고 그 까닭을 밝힌다. 건설공사라도 임금총액은 항상 관리되고 있는 바, 임금총액을 산정하기 어렵다는 정부의 해명은 현 시점에서는 더 이상 허용되기 어렵다.

앞서 설명한 바와 같이 우리나라 건설공사는 애초 설계공사비 산정 시 장비운전원에 대한 산재보험료를 공사비에 반영하고 있다. 그런데 설계에 반영되는 산재보험료와 확정 납부되는 산재보험료 산정방식이 달라지는 과정에서 엉뚱한 문제가 생기게 된다. 설계상으로는 장비운전원을 산재보험 대상자로 책정했지만, 건설기계가 임대방식으로 운영되는 실제 현장에서는 장비운전원에게 산재보험제도가 적용되지 못한다는 것이다. 그럼에도 정부(근로복지공단)는 설계상 책정된 산재보험료에 상당하는 금액을 보험료로 지금도 꾸준히 챙기고 있다. 아이러니하게도 장비운전원을 산재보험 적용대상에서 제외하면서 사회안전망을 책임져야 할 정부가 금전적 수혜자가 되는 괴이한 상황이 됐다.

그래서 정부가 장비운전원에 대한 산재보험료 명목으로 징수해간 금액을 산정해봤다. 「건설공사 장비운전원 산재보험 적용 개선방안」 보고서(2014. 11.)는 산재보험료 과다징수액 추정 내용을 담고 있다. '노무비율에 의한 산정방식'에 따라 정부(근로복지공단)는 13년 (2001~2013년) 동안 직접노무비에 해당하는 장비운전원 명목으로 산재보험료 1조 8,293억 원을 징수했다. 정부가 장비운전원에 대한 산재보험 적용 명목으로 1조 8,293억 원을 받아놓고서도 이들에게 산재보험을 적용하지 않은 것은 부당이득이 아닐 수 없다. 장비운전원 명목의 산재보험료 산출과정은 이렇다. 먼저 13년간 산재보험료 총 징수액이 15조 4,887억 원에다, 전체 노무비 중 장비운전원 노무비율 추출결과 12.7%와 건설현장에서 장비임대방식 비중 93%를 각각 곱한 것이다(1조 8,293억 원 = 15조 4,887억 원×12.7%×93%).

경쟁에만 내몰리는 건설노동자

03
경쟁에만 내몰리는 건설노동자

2002년 당선된 브라질의 룰라 대통령은 8년간 연평균 7.5%의 실질 성장률을 달성하여 취임 당시 금융위기로 힘들어하던 브라질을 브릭스(BRICs, 브라질, 러시아, 인도, 중국)의 선두주자로 만들었다. 퇴임 직후까지만 하더라도 남미의 성공한 대통령으로 회자되던 룰라 대통령의 말 가운데, 곱씹어볼 만한 말이 있다. "왜 부자들을 돕는 건 투자라 하고 가난한 이들을 돕는 건 비용이라고만 하는가!"

치열한 경쟁을 통해 국제경쟁력을 키워야 할 영리법인인 건설업체는 법으로 보호하고, 개인에 불과해 보호받아야 할 건설노동자는 오히려 저가의 외국인 노동자와 노임과 일자리 경쟁에 내몰리고 있다. 대한민국 건설산업은 비정상이다. 소비주체인 건설노동자를 위한 사회안전망이 거의 없는 상태다. 건설산업을 정상화시키기 위해서는 이들에 대한 특단의 대책이 필요하다. 소비주체이자 건설산업의 토대인 이들에 대한 지출이 과연 비용일까.

1. 일용노동자 사회안전망, 퇴직공제부금

건설노동자를 위한 유일한 사회안전망

여러 현장을 수시로 이동하여 근무할 수밖에 없어 회사라는 보호막이 없는 사람들. 노후생활 안정을 위한 퇴직금 적립이 곤란할 뿐만 아니라 부담 능력도 부족한 인생. 이들은 바로 약 130만 명에 달하는 건설노동자다. 정규직은 고사하고 해고 위험이 크다고 하는 비정규직조차 이들에게는 부러운 대상이다. 건설근로자공제회의 「건설현장 의식·실태조사」(2011년) 내용에 따르면, 설문조사에 응답한 869명 중 '일당'으로 임금을 받는다고 밝힌 사람이 838명(96%)으로 거의 대부분이었다. 월급으로 받는다고 응답한 이는 불과 29명(2%)이었다. 건설노동자의 대부분인 건설일용직은 매일매일 해고 상태다. 어찌 보면 이들에게는 해고라는 말조차 부러운 말이 아닐까.

기존의 사회복지 제도는 회사에 소속된 정규직 위주여서 일용노동자가 대부분인 건설산업에는 그림의 떡이다. 건설산업 또한 한 달에 20일 이상 일하면 4대 보험 가입이 가능하지만, 보험료 부담을 꺼리는 업체와 낮은 노임 중 일부라도 보험금으로 빠져나가는 것이 아까운 건설노동자에겐 먼 나라 이야기다. 무엇보다도 건설산업의 특성에 맞는 사회안전망 도입 필요성이 가장 절실한 대상이 건설노동자다. 이런 제도 도입의 필요성이 검토되던 시기에 발생한 1994년 10월 성수대교 붕괴, 1995년 6월 삼풍백화점 붕괴 등 대형 건설사고는 국민을 충격에 몰아넣었다. 대형 사고가 촉진제가 되어 "건설공사 부실시공 방지 대책"의 일환으로 〈건설근로자의 고용개선 등에 관한 법률〉(약칭: 건설근로자법)이 제정됐고(1996. 12. 31.), 1년 뒤 시행됐다(1998. 1. 1.). 1일 작업시 4,000원씩 퇴직금 명목으로 적립되는 '건설근로자퇴직공제' 제도다.

건설근로자퇴직공제 제도는 건설근로자가 건설현장을 그만둘 때에 그동안 적립된 퇴직공제부금을 지급하는 제도다. 퇴직공제부금은 일용직 건설노동자를 위한 일종의 퇴직금인 셈이다. 1일 퇴직공제부금 적립금액은 조금씩 증가하여 2008년 1월부터는 하루 일할 때마다 4,000원씩 적립되고 있다. 월평균 20일씩 10개월간 꾸준히 일을 한다고 가정하더라도 적립되는 퇴직공제부금은 96만 원이 된다. 96만 원은 상용직 남성근로자의 퇴직금이라 할 수 있는 월평균 임금액 약 350만 원의 1/3에도 못 미치는 낮은 수준이다. 하지만 건설일용직의 입장에서는 이마저도 다행스럽다. 소액이지만 자신의 비용부담 없이 퇴직금으로 받을 수 있다고 생각해서 그런 것 같다.

퇴직공제부금은 2003년부터 의무가입으로 전환됐다. 현재 의무가입 대상 사업장은 3억 원 이상 공공공사, 200호 이상 주택공사, 100억 원 이상 민간공사 등이다. 퇴직공제부금에 대한 건설노동자의 인지도 또한 지속적으로 증가하고 있다. 건설근로자공제회가 2015년 10월 발간한 퇴직공제 통계연보에 따르면, 퇴직공제 제도가 시행된 1998년부터 2014년 말까지 17년간 퇴직공제 가입 건설현장에서 단 한 번이라도 일한 적이 있는 일용직 건설노동자는 약 460만명이다.

쥐꼬리만 한 퇴직공제부금마저 떼먹어

다음은 건설공사 퇴직공제부금 납부와 관련하여 건설업체 담당자와의 대화 내용이다. 먼저 하도급업체 관리직원과 나눈 대화다.

"건설노동자가 현장에서 하루 작업하면 4,000원씩 퇴직공제부금이 적립되고 있지요?"

"예"

"건설노동자 입장에서는 작은 돈이지만 자기 돈 안 들어가면서 퇴직금명목으로 적립되니까 관심이 매우 크더군요. 납부는 잘 되고 있나요?"

"예. 최대한 누락되지 않고 납부하려고 합니다. 미납 적발 시 과태료 처분을 받거든요."

"그런데 퇴직공제부금이 상당분 누락된다는 건설노조 측의 주장이 많습니다."

"가끔 의도하지 않게 퇴직공제부금 납부가 누락되는 경우가 발생되기도 합니다."

"하도급업체에서 볼 때 현행 퇴직공제부금 납부업무에서 개선할 점은 무엇이 있나요?"

"제도 자체는 좋다고 생각합니다. 하지만 하도급업체에게 퇴직공제부금 납부의무를 부담시키는 것은 문젭니다. 우리가 매월 꼬박꼬박 현금으로 퇴직공제부금을 내더라도, 원도급업체는 몇 개월짜리 어음으로 결제를 해주거든요. 사실 하도급업체에게는 퇴직공제부금이 아무런 이득이 없습니다. 그런데도 우리가 현금으로 낸 후 한

참 있다 어음으로 지급받는데, 이런 시스템 자체가 납부누락을 부추기는 원인이라고 보면 될 겁니다."

"납부누락은 어떨 때 많이 발생하게 되나요?"

"솔직히 하도급업체에게는 퇴직공제부금 납부의지가 없다고 보면 맞을 겁니다. 그래서 가끔 현장관리 직원 공백이 생기는 때는 퇴직공제 납부가 누락될 가능성이 큰데도 제대로 신경 쓰지 못하고 있지요."

"혹시 원도급업체가 퇴직공제부금 납부에 무관심해서 그런 게 아닐까요?"

"그건 아닙니다. 원도급업체에서도 퇴직공제부금 납부가 누락되지 않도록 독려를 많이 합니다. 그런데 우리 입장에서는 적극적으로 납부하기에 애로사항이 있다는 것이지요. 우리로서는 돈이 되는 것도 아닌데, 먼저 현금으로 납부하고 2~3개월 후에 B2B나 어음으로 받기 때문에 자금운영에 큰 어려움이 생깁니다."

"그렇다면 원도급업체에서 퇴직공제부금을 직접 납부하는 방법은 어떨까요?"

"그거 매우 좋은 방법이라고 생각합니다. 우리가 '데스라'(출력일보 = 투입된 인원 리스트)를 제출하면, 그것을 토대로 원도급업체가 납부하면 되거든요. 아마 그러면 퇴직공제부금 납부누락은 대폭 줄어들 것입니다."

하도급 금액이 10억 원 미만인 경우에는 원도급업체가 직접 퇴직공제부금을 납부해야 한다. 하지만 현장 노무자를 직접 고용하여

관리하지 않기 때문에 빠짐없이 납부하여 적립하기가 쉽지 않다는 것이 원도급업체 담당자의 토로였다.

"대부분 하도급업체에서 퇴직공제부금을 납부하던데, 원도급업체가 직접 납부하는 경우가 있나요?"

"예. 하도급 계약금액이 10억 원 미만일 때는 원도급업체가 직접 납부해야 합니다."

"어떤 절차를 거쳐 납부하나요?"

"해당 하도급업체로부터 매일 또는 일정 기간 투입된 인원 리스트를 제출받아, 이들이 일한 일수만큼 퇴직공제부금을 납부하고 있습니다."

"그런데 퇴직공제부금이 상당분 누락된다는 건설노조 측의 주장이 많습니다."

"10억 원 미만의 경우, 하도급업체가 영세하다 보니 신고에 필요한 인적사항 등 서류를 제때에 제출하지 않거나, 제출하더라도 상당부분 누락되는 경우가 발생하는 것 같습니다. 이런 상황을 알고는 있으나 시간에 쫓기다 보면 그대로 업무를 처리하는 경우가 많아요."

"하도급업체에 대한 관리를 좀 더 철저히 하면 되지 않을까요?"

"하도급업체에서 투입인원에 대한 내역을 제출하지 않으면, 독촉에도 한계가 있습니다. 우리로서도 어쩔 수 없는 상황입니다."

"혹시 불법체류자가 현장에 일하는 경우는 없나요?"

"아마 일부 있는 듯합니다. 특히 '오야지'가 데리고 다니는 불법체류자 같은 경우에는 관련 서류를 제출하지 않으므로 납부가 불가능하게 됩니다."

현행 퇴직공제 제도는 개인당 적립금액이 많지는 않지만, 건설노동자에 대한 최소한의 사회안전장치로서 의미가 있다. 〈건설산업기본법〉 제87조(건설근로자 퇴직공제제도의 시행)는 공사비 내역서에 '퇴직공제부금' 비목을 반드시 명시토록 하고 있고, 동법 시행령 제83조는 납부금액을 정산토록 하고 있다. 하지만 법적 의무규정임에도 현장에서는 퇴직공제부금 납부누락이 심각한 상황이다.

■ 사례

은수미 의원(당시 민주당)은 일명 '슈퍼甲'이라 불리는 대표적 공공발주기관인 한국토지주택공사(LH공사) 건설현장에서 퇴직공제부금 납부누락률이 40%가 된다면서, 건설근로자 사회보장 사각지대에 큰 구멍이 났다고 비판했다(2013. 10. 17.). 은 의원은 공공발주기관의 대형 공사현장에서 발생하는 납부누락이 40% 정도인데, 소규모 공공공사나 민간공사현장은 어떨지 불 보듯 빤하다고 했다. 퇴직공제부금 납부누락이 관행처럼 되어 있는데도 고용노동부의 관리·감독이 부실하다고 덧붙였다. 5년간 퇴직공제부금 납부단속 실적이 평균 420건에 지나지 않았다는 지적이다.

은수미 의원의 문제 제기를 확인하기 위해 국민신문고를 통하여 LH공사에 질의를 하였는데, 답변 내용은 이렇다.

"〔……〕LH에서는 건설업자가 납부한 퇴직공제부금에 대하여 증빙 내역 확인 후 기성금 지급 시 정산하고 있습니다. 건설공사의 퇴직공제부금 적용대상 근로자는 해당 사업장에서 근무한 근로계약기간 1년 미만의 건설근로자만을 대상으로 하며 기간을 정하지 아니하고 고용된 상용근로자, 1년 이상의 기간을 정하여 고용된 근로자, 1일의 소정근로시간이 4시간 미만이고 1주간의 소정근로시간이 15시간 미만인 근로자는 적용대상에서 제외됨에 따라 현장 작업인력 수와 공제부금 납부자 수는 차이가 발생할 수 있음을 알려드립니다(2015. 12. 31.)."

LH공사의 답변 내용을 보면, 일단 LH공사는 퇴직공제 납부누락이 발생할 가능성을 부인하지 않는 것으로 보인다. 또 누락률 40%에 대해서는 명확한 답변을 피했다.

퇴직공제부금 납부누락의 수혜자는 오히려 발주자

퇴직공제부금은 관련 법령에 따라 준공 시 계약금액 범위 내에서 정산된다. 계약금액에 책정된 퇴직공제부금이 납부되지 않으면 그 금액만큼 감액정산된다. 정산규정의 목적은 가능한 한 모두 집행되게 하자는 목적이다. 퇴직공제부금 감액정산은 정도의 차이가 있을 뿐 거의 모든 현장에서 유사하게 발생하고 있다. 대부분 건설현장에서 계약금액으로 책정된 퇴직공제부금이 모두 납부되지 않는다는 것을 의미한다. 퇴직공제부금 납부누락은 건설노동자의 퇴직금 적립 누락을 뜻한다. 건설노조에서는 퇴직공제부금 납부누락을 고질적인 문제로 보아 근본적 해결책을 요구하고 있지만, 정부는 뾰족한 방안을 제시하지 못하고 있다. 이 대목에서 퇴직공제부금 납부누락의 수혜자가 다름 아닌 발주자라는 점을 간과해서는 안 된다. 정산 규정에 따라 납부누락된 퇴직공제부금은 원도급업체 계약금액에서 감액된 후, 발주자에게로 귀속되기 때문이다. 건설노동자에게 지급하라고 배정된 예산의 상당 부분이 집행되지 않고 있는데도, 오히려 발주기관은 퇴직공제부금 미납분을 예산절감으로 포장하여 거둬들이는 꼴이 되고 만다. 이러한 상황이므로 발주기관이 원청업체를 독려하더라도 형식에 그칠 가능성이 크고, 실제로도 정부에 의한 납부누락 단속실적이 매우 초라하다.

퇴직공제부금이 제대로 납부되지 않는 사실관계는 쉽게 확인할 수 있다. 다만 사안의 중요성을 고려해 모든 국민이 알 수 있는 대표적인 국책사업을 대상으로 검증하는 것이 좋겠다. 최근 우리나라의 가장 대표적인 국책사업으로는 대통령의 의지에 따라 일사천리로 강행된 4대강사업이 가장 적합한 대상이라 하겠다. 4대강사업은 국론을 분열시키면서까지 대통령의 뚝심(?)으로 밀어붙인 대표적 토건사업이기도 하다. 이에 국토교통부의 산하 공기업으로 4대강사업을 직접 수행한 한국수자원공사(이하 '수공') 사업장의 퇴직공제부금 납부 현황을 분석해봤다. 수공이 턴키방식으로 발주한 4개 사업장을 대상으로 했다. 낙동강살리기 17, 18 및 23공구와 한강살리기 6공구의 4개 사업장이다. 참고로 이들 4개 사업장은 모두 입찰 담합으로 적발되어 공정위의 과징금 처분을 받았지만, 2015년 8·15특사에서 입찰참가자격제한 행정처분에 대해 특별사면을 받았다.

〈표 3-1〉는 수공이 발주한 4개 턴키 사업장의 직접노무비 및 퇴직공제부금 계약 현황을 정리한 것으로, 우선 최초 도급계약상 퇴

직공제부금이 적정한지에 대한 사전 검토가 필요하다. 4개 사업의 직접노무비 합계액 1,686억 3,600만 원을 당시 시중노임단가의 일반 공사 직종 평균임금 11만 1,661원으로 나누면 151만 249명에 대한 퇴직공제부금이 반영된 것임을 알 수 있다. 151만 249명에다 4,100원(2009년 기준)을 곱하면 61억 9,200만 원의 퇴직공제부금이 필요한 것으로 산출된다. 그런데 4개 사업의 도급내역에 반영된 퇴직공제부금은 38억 7,900만 원이다. 퇴직공제부금 38억 7,900만 원은 직접노무비로 추정해본 퇴직공제 총액 61억 9,200만 원의 62.6% 정도 수준이다. 이로 보아 도급내역상 퇴직공제부금이 그리 과다 계상된 것이 아니라고 할 수 있다. 이때 도급내역서상 퇴직공제부금 38억 7,900만 원은 건설노동자 94만 6,000명(= 38억 7,900만 원÷ 4,100원)분에 해당한다.

최초 도급계약상 퇴직공제부금의 적정성을 살펴봤으니, 이제 준

〈표 3-1〉 수공의 4개 턴키 사업장 직접노무비 및 퇴직공제부금 현황

(금액 단위: 백만 원)

공사명		최초 도급계약		준공 도급계약		
		직접노무비	퇴직공제부금 반영금액	직접노무비 ①	퇴직공제부금 정산금액 ②	납부율(%) ②÷(①×2.3%)
낙동강 살리기	17공구(한진)	28,326	651	25,930	105	17.6
	18공구(GS)	46,453	1,068	45,009	375	36.2
	23공구(대림)	46,394	1,067	54,208	640	51.3
한강살리기	6공구(현대)	47,463	1,092	53,134	338	27.7
계		168,636	3,879	178,282	1,458	35.6

* 납부율 계산에 인용된 2.3%는 직접노무비에 곱하는 설계상의 퇴직공제부금 비율임.

공 도급계약을 토대로 퇴직공제부금의 납부 정도를 살펴보자. 준공 도급내역서상 직접노무비는 최초 도급계약금액보다 소폭 증가했으나, 오히려 정산된 퇴직공제부금은 절반으로 줄어들었다. 구체적으로 설명하지 않아도 퇴직공제부금의 상당 부분이 납부되지 않았음을 알 수 있다. 납부누락 분석 과정은 다음과 같다. 2009년 당시 최초 도급계약 내역에 반영된 퇴직공제부금을 1일 퇴직공제부금 4,100원으로 나누어 납부 가능한 인원수를 산정한다. 준공 도급내역상의 퇴직공제부금은 실제 납부한 금액인데, 이를 1일 퇴직공제부금 4,100원으로 나누면 실제 적립된 건설노동자 인원수가 된다. 이에 따라 산정되는 준공 도급내역상 퇴직공제부금의 납부 인원수는 35만 6천 명(=14억 5,800만 원÷4,100원)이다. 최초 도급계약상 퇴직공제부금은 94만 6천 명분이었으나, 실제 납부는 절반도 안 되는 35만 6천 명분만 퇴직공제부금을 납부한 것이다. 최초 도급계약 시의 예상인원보다 약 59만 명의 납부누락이 발생한 것으로 추정된다.

사업장별 분석 결과를 보면, 퇴직공제부금을 실제 납부한 인원수가 최초 계약상 인원의 40%에도 미치지 않은 것으로 나타났다. 그중 낙동강살리기 23공구(대림산업)만 납부율이 50%를 상회했고, 한강살리기 6공구(삼성물산)와 낙동강살리기 17공구(한진중공업)의 납부율은 30%에 미치지 못했다. 국민적 관심거리가 됐던 초대형 국책사업마저도 퇴직공제부금 납부누락이 60%를 상회했다는 점은 매우 중대한 문제다. 하도급업체만을 독려해서는 퇴직공제부금 납부누락은 해결되지 않음을 알 수 있다. 무언가 큰 구조적 문제가 있지 않고서는 이해되지 않는 대목이다. 하도급업체에게 먼저 현금 납부라는 부담을 전가시키는 현재의 퇴직공제부금 납부 시스템이 바뀌지 않는 한, 하도급업체에 대한 독려나 행정처분만으로는 해결되지 않을 것이다.

한편 건설업체에서 건설노동자를 상용직으로 고용할 경우에는 퇴직공제부금 납부의무가 없지만, 건설노동자를 상용직으로 고용하는 정도가 매우 미미하므로 퇴직공제부금 납부 정도를 판단하는 데는 이를 반영하지 않았다. 결과에 영향을 미칠 정도가 아니기 때문이다. 다만 장비운전원의 경우, 설계는 직접고용이나 실제는 임대 방식이므로 이들에 대한 퇴직공제부금 납부가 제외되기 때문이라고 해명할 수 있겠다. 설계상 장비운전원은 퇴직공제부금 납부대상이 되지만, 실제 시공과정에서는 장비임대라는 사업자로 노동의 성격이 바뀌기 때문에 퇴직공제부금 납부를 할 수 없다는 해석이다. 백 보를 양보해 장비운전원을 모두 제외시키더라도(직접고용방식으로 설계해놓고 모두 임대방식으로 운용하는 것이 근본적인 문제이지만) 장비운전원의 설계상 노임 비중이 전체 노무비의 약 20%에 미치지 못하므로, 납부누락 정도가 60%를 상회한다는 것은 중대한 문제다.

2015년 9월부터 전자카드제 시범사업 실시

건설근로자공제회는 건설근로자 종합지원책의 하나로 퇴직공제 전자인력관리카드를 수도권 6개 대형 현장을 대상으로 2015년 7월부터 1년간 시범 실시할 것이라고 발표했다. 건설근로자공제회의 약속은 2015년 9월부터 전국 6개 사업장에서 시작됐다(《표 3-2》).

<표 3-2> 퇴직공제 전자인력관리 시범사업 현장

구분	공사명	시공사명	공사금액 (억 원)	주된 공종	발주자
수도권	서남물재생센터 고도처리 및 시설현대화사업	대림산업(주)	2,778	토목	서울시
	서울시 어린이병원 발달센터 증축공사	대자개발(주)	109	건축	서울시
	문정법무시설(서울동부지방검찰청사 및 성동교정시설) 신축공사	한신공영(주)	2,008	건축	SH공사
	수원호매실 B-2BL 아파트 건설공사 13공구	극동건설㈜	961	건축	LH공사
영남	대구신서혁신 A-1BL 아파트 건설공사 7공구	두산건설(주)	485	건축	LH공사
호남	광주효천2 A4BL 행복주택 건설공사 6공구	-	294	건축	LH공사

　[그림 3-1]은 퇴직공제부금의 신고방식을 비교한 것이다. 퇴직공제 전자카드제는 사업주가 전자서류전송시스템(EDI, Electric Data Interchange)에 따른 신고방식을 건설노동자가 직접 신고하는방식으로 바꾸는 것으로, 퇴직공제 신고누락을 원천적으로 차단하기 위한 방안이다. 현행 EDI방식은 건설업체가 신고·납부해야 하는데, 그 과정에서 납부누락이 높다는 문제에서 제안되었다. 2013년 하반기

[그림 3-1] 퇴직공제 신고납부방식 비교(EDI vs. 전자카드제)

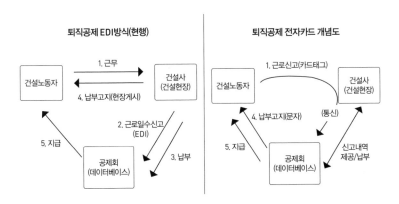

무렵 고용노동부의 「건설근로자 퇴직공제부금 전자카드제 도입 및 정책방안 연구」 보고서(2013. 11.)에는 전자카드 도입의 장단점을 정리해놓았다. 전자카드제의 기대효과로서 고의 또는 실수로 인한 퇴직공제부금의 누락 예방, 건설근로자 경력관리 등 기본 자료로 활용 가능, 불법 외국인 근로자 단속, 임금체불 사건의 처리기간 단축 등을 열거했다. 문제점으로는 근로자에 의한 고의 회피, 부정신고 가능성 상존, 과다한 초기 비용 부담과 건설현장 내 관리 부담 주체 갈등을 열거했다.

문제는 전자카드 시범사업이 얼마나 성공적으로 마무리되는지가 관건이다. 건설사업장은 대부분 국토교통부의 관할로, 시범사업장 선정 및 운영을 위해서는 소관부처 간 협의와 조율이 절대적으로 필요하기 때문이다. 건설현장의 습성상 외부의 간섭이나 관심을 극도로 꺼리고 있으므로, 이들을 어르고 달래서 전자카드제 시범사업을 잘 마무리하기 위해서는 국토교통부의 적극적인 관심과 협조가 필수적이다. 하지만 현실은 그리 만만치 않아 보인다.

공제회 사정을 잘 아는 한 인사의 말에 따르면, "공제회는 퇴직공제부금을 운영하는 기관이므로, 공제회 자체의 의지만으로는 국토교통부 산하기관 현장을 전자카드 시범사업장으로 확보하는 일은 쉽지 않다"면서 "고용노동부가 생색만 낸 후 공제회를 닦달하면 일이 될 것으로 생각하는 건 큰 문제다"라고 우려를 표시했다. 아울러 "현행 법령상 상한선인 5,000원으로 퇴직공제부금을 올리려고 하는데, 국토교통부에서 소극적으로 나오다 보니 제대로 진척되지 못하는 실정이다"라면서 "사실 퇴직공제부금을 제대로 걷으려면 건설현장에 직접적 영향력이 있는 국토교통부의 협조가 절대적인데, 아시다시피 공제회가 고용노동부 산하기관으로 편입되면서 국토교통부의 협조가 예전만 못하다"라고 털어놓은 적이 있었다. 전자카드제가 설령 성공적으로 마무리되더라도 이를 전국적으로 확대시행하기 위해서는 여전히 넘어야 할 산이 많다. 정부의 소관부처가 각자 취하려는 목적이 상이한 까닭에 오히려 건설노동자를 위한 제도 도입이 계속 부실화되는 형국이다.

참고로 2013년 말경 노동부에 제출된 「건설근로자 퇴직공제부금 전자카드제 도입 및 정착방안 연구」 보고서에 따르면, 유럽국가 중 전자카드제와 유사한방식을 시행하는 나라가 있다. 벨기에는 일종의 전자카드식 근무확인증과 같은 뉴배지 시스템(New Badge System)이 있으며, 이를 도입하여 현장통제뿐만 아니라 불법고용자를 차단하려는 목적이 있다. 오스트리아의 이카드(E-Card)는 사회보장 칩카드로서 작업 개시 전 제시를 의무화하고 있다. 사업주의 책임성을 동시에 요구하고 있는 시스템이다.

전자카드제, 불법체류자의 일자리 잠식 방지 수단

앞서 살펴본 바와 같이 4대강사업과 같은 대형 건설현장에서조차도 퇴직공제부금 납부누락이 상당한 것으로 파악된다. 중대형 건설현장은 발주기관의 관리·감독이 상대적으로 높음에도 불구하고 건설노동자를 위한 퇴직공제부금 납부누락이 상당했다. 이런 상황에서 중소규모 건설현장에서 퇴직공제부금이 제대로 관리되고 있을 가능성은 매우 낮아 보인다. 때문에 정부는 하도급 계약금액이

10억 원 미만인 경우 원도급업체로 하여금 퇴직공제부금을 신고·납부토록 했다. 문제는 10억 원 미만 소규모 하도급의 경우 일명 '오야지'라는 사람들이 데리고 다니는 불법체류자가 자연스럽게 현장으로 유입된다는 것이다. 오야지는 의도와 상관없이 퇴직공제부금 신고를 위한 서류를 제대로 제출하지 않게 되고, 원도급업체는 오야지가 제출한 서류만 가지고 신고할 수밖에 없으므로 퇴직공제부금 납부누락이 불가피해진다.

이들 불법취업자는 고용통계에도 잡히지 않을 뿐만 아니라, 가뜩이나 부족한 건설노동자의 일자리를 잠식한다는 것에 문제의 심각성이 있다. 전자카드 소지자만 현장에 출입할 수 있도록 통제한다면, 그동안 우리나라 건설노동자의 일자리를 불법적으로 빼앗겨온 문제가 대폭 해소되는 기능도 할 것이다. 합법적 외국인 노동자에 대한 부당한 처우문제도 예방 가능할 것이다.

원도급업체에서 퇴직공제부금 납부해야

일차적으로 퇴직공제부금 납부누락은 하도급업체로부터 시작된다. 10억 원 이상 하도급 현장은 모두 하도급업체에게 납부업무를 전가시켜놓았기 때문이다. 하도급업체는 재정상태가 좋지 않으므로 당장 현금으로 지출되는 퇴직공제부금 납부에 대해 고의든 실수이든 납부를 누락하려는 유혹이 클 수밖에 없다. 전자카드제는 현장으로 진출입하는 모든 건설노동자를 파악할 수 있고, 건설노동자가 자기책임으로 신고하는 것이므로, 퇴직공제부금 납부누락에 대한 민원이 원천적으로 차단된다. 문제는 퇴직공제부금 납부이행자를 현행 하도급업체에서 원도급업체로 바꾸지 않으면, 하도급업체에 의한 납부누락 문제가 지속될 수밖에 없다는 점이다. 왜 우리나라 건설공사는 애초부터 퇴직공제부금 납부이행자를 하도급업체로 설정했는지 이해되지 않는다. 산재보험료와 마찬가지로 원도급업체로 하여금 퇴직공제부금 납부의무를 부과시켜야 하는 것이 일견 타당하지 않을 수 없다. 만약 직접시공제가 정착된다면, 퇴직공제부금 누락 문제는 현저히 줄어들 것이다. 참고로 정부(근로복지공단)에서 강제징수하는 산재보험료의 경우에는 원도급업체를 납부이행자로 강제해놓았다. 산재보험료 납부가 누락됐다는 정부의 민원을 들어본 적이 없다.

현행 퇴직공제부금 제도운영상 몇 가지 문제점이 있다. 두 가지만을 들면, 먼저 1일 적립액인 퇴직공제부금 4,000원이 너무 적다는 것이다. 건설노동자의 연평균 작업일수는 약 180일 정도로 보고 있는데, 이를 적용하면 고작 72만 원 정도다. 1년 내내 매달 20일씩 꼬박 일했다 치더라도 1년에 적립되는 퇴직금은 96만 원 뿐이다. 그래서 퇴직공제부금 상한규정을 현행 5,000원에서 1만 원으로 상향 조정해야 한다는 요구가 설득력을 얻고 있지만 정부부처 간의 힘겨루기로 다소 시일이 걸리고 있다. 다음으로는 숙련도와 건설업 근무연한을 반영하여 1일 적립금액에 차등을 두자는 의견이다. 이를 위해서는 건설노동자의 직종과 경력관리가 선행되어야 하는데, 그러려면 건설기능인력육성법과 같은 제도가 병행되어야 한다.

퇴직공제부금이란?

1일 퇴직공제 부금액은 공사착공일을 기준으로 적용된다. 현재 공사가 진행 중이더라도 최초 착공일 당시 설정된 1일 금액으로 납부·적립되는 것이다. 도입 초기인 1998년에는 임의가입이었으나, 2003년부터 의무가입제도로 변경되었다. 1일 퇴직공제부금 납부액은 2006년까지는 2,100원, 2007년까지는 3,100원, 2008년 이후 착공 공사는 4,100원이고, 2012년 4월 1일부터 지금까지는 4,200원이다. 현재 일용직 건설노동자의 1일 퇴직공제부금은 4,000원이고, 납부액 4,200원 중 뒷자리 200원은 부가금으로서 건설근로자공제회의 운영자금으로 이용된다. 참고로 야간작업으로 일당이 1.5명으로 계상될 경우, 퇴직공제부금도 1.5배를 계상해서 납부된다.

2. 건설업 고용창출효과의 허울

건설투자 대비 취업자 수 비중은 높지 않아

한국은행은 「2012년 산업연관표를 이용한 우리나라 경제구조 분석 결과」(2014. 6. 26.)에서 10억 원당 취업자 수는 전체 산업 평균 6.6명이라고 했다. 그중 건설업 취업자 수(취업계수)가 8.8명으로, 2·3차 산업 중에서는 서비스업 11.7명 다음으로 높다고 했다.

2014년도 국내건설업 기성액은 195조 원으로 국내총생산 1,485조 원의 13%에 해당하는 규모이나, 건설업 취업자 비중은 절반 정도인 7%다. 지난 12년간 건설업 기성액과 건설업 취업자 수의 변화추이를 살펴봤다([그림 3-2]). 취업자 수는 통계청의 경제활동인구 자료이고, 기성액은 건설업 조사 결과를 각각 적용했다. 특이한 현상은 기성액과 취업자 수가 반드시 비례관계에 있지 않다는 점

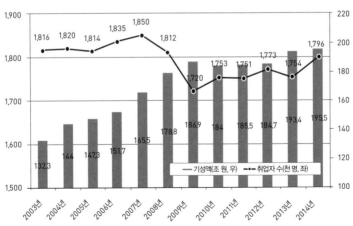

[그림 3-2] 국내 건설 기성액과 취업자 수(2003~2014년)

이다. 건설업 기성액은 주춤하더라도 현재까지 꾸준히 증가하는 추세이나, 건설업 취업자 수는 2007년을 정점으로 한 후 2009년에는 급감했다. 2009년 이후 취업자 수가 약간씩 증가하는 경향을 보이고 있지만 2000년대 중반 185만 명을 넘는 취업자 수보다는 적다. 그러나 건설업 기성액은 2007년 165.5조 원에서 2014년 195.5조 원으로 증가했다.

2007년을 지나면서 건설업의 생산성이나 기술력이 갑작스럽게 상승한 것이 아님에도, 오히려 취업자 수가 급감한 것은 의문이다. 기성액이 증가한 반면, 취업자 수가 줄어든 까닭이 무엇인지 궁금했지만 이에 대한 명시적인 분석 자료는 없는 것 같다. 가장 큰 가능성은 외국인 노동자가 급증하고 이들이 우리나라 고용통계에서 제외되면서 발생된 결과가 아닐까라고 조심스럽게 생각해본다.

4대강사업, 건설노동자 실제 일자리는 정부 발표의 38%

건설산업의 고용효과가 크다는 점은 정부의 건설투자 확대방침에서 자주 언급되는 단골메뉴다. 하지만 고용유발계수가 높다는 한국은행의 발표 자료만 있을 뿐, 정말로 내국인 건설노동자 일자리가 그만큼 늘어나고 있는지에 대한 검증은 없었다. 이런 상황에서 건설투자가 내국인에 대한 일자리 창출로 연결되는지에 대한 검증이 필요한 것은 어쩌면 당연하겠다. 건설현장에 대한 전수조사는 아니지만, 정부 주장과 달리 우리나라 대표적인 공공건설공사 사업장에서 고용효과가 나타나지 않았다는 분석 결과가 있었다. 시민단체 경제정의실천시민연합(이하 '경실련')이 기자회견(2011. 2. 15.)을 통해 발표한

4대강사업에 대한 인력 및 장비 투입 실태 분석 결과가 그것이다. 분석방법은 4대강살리기 사업의 도급금액에 반영된 건설인력 및 장비대수를 추정한 결과와 80개 사업장의 작업일보를 통해 실제 투입된 건설인력과 장비대수를 비교한 것이었다.

경실련의 분석 결과에 따르면, 정부와 건설업체 간의 계약 내용에 따른 일자리와 비교해 건설노동자는 38%, 건설장비는 52%만 투입된다는 것이다. 인력투입 부문의 경우 원도급 계약금액으로 보면 1일 2만 8,830명으로 예상되나, 실제 작업일보 집계 결과 1일 평균 최대치(2010년 4~6월)를 적용하더라도 38%인 1만 921명의 일자리가 제공됐을 뿐이다. 장비투입 부문의 경우 원도급 계약금액으로 보면 1일 평균 1만 2,974대의 중장비 투입이 예상됐으나, 실제 투입된 중장비는 1일 평균 최대치를 적용하더라도 52%인 6,790대에 불과했다. 정부가 도급금액으로 반영한 일자리 수와 실제 발생한 일자리 수 사이에 현저한 차이가 발생한 것이다. 곧바로 정부의 해명이 있었고 이에 대한 경실련의 반박성명으로 일자리 논쟁이 일단락됐지만, 경실련의 분석 사례는 건설투자로 인한 일자리 창출효과에 대한 검증이 어떠한방식으로든 필요하다는 계기가 됐다.

내국인 일자리를 빼앗는 외국인 노동자

외국인 노동자 유입은 필연적으로 내국인 일자리 감소와 직결된다. 우리나라 건설현장에서 일하고 있는 외국인 노동자는 몇 명이나 될까? 그 규모가 어느 정도인지를 공식적으로 조사한 자료가 없다는 것 또한 문제다. 그나마 공식적으로 나온 자료 또한 신뢰할 수준이 되지 못한다. 법무부의 2015년 12월 외국인 등록 현황을 보면 비전 문취업(E-9) 27만 1,310명 중 건설업(E-9-2)은 1만 1,834명이다. 통계청의 2015년도 외국인 고용조사 분포를 보면, 총 취업자 수 93만 8,000명 중 건설업 취업자 수는 8만 6,000명으로 조사되었다고 나와 있다. 그런데 이러한 공식적인 통계수치는 실제 건설현장에서 느끼는 외국인 근로자의 체감 수치와는 상당한 괴리가 있다.

한국건설산업연구원의 「2016년 건설업 취업동포 적정 규모 산정」 보고서(2015. 10.)는 설문조사, 면담조사 및 건설기능인력 수급모형분석을 종합하여 건설현장에서 실제 외국인력이 29만 명 정도로 추정했다(〈표 3-3〉). 국내 건설노동자를 130만 명으로 볼 때 22%나 되는 규모다. 동 보고서는 조선족과 합법 외국인력을 제외한 불법취업자가 24만 1,769명이라고 추정했는데, 이들 불법취업자는 내국인 건설노동자 일자리를 언제든지 잠식 가능한 집단으로, 실제로도 내국인 일자리를 빼앗고 있다.

〈표 3-3〉 건설현장의 실제 외국인 근로자 규모 추정

(단위: 명)

설문조사 (A)	귀화 조선족 (B)	영주 조선족 (C)	실제 외국인력 수		
			계(A-B-C)	합법	불법
349,406	48,389	9,790	291,227	49,458	241,769

정부는 공공건설공사 발주확대의 명분으로 고용창출을 크게 강조해왔으며, 이런 기조에 기대어 민간 주택시장 활성화에 대해서

도 많은 공을 기울이고 있다. 분명 건설산업 활성화 명분으로 일자리 창출은 단골메뉴다. 사실 외국인의 취업이 가장 많은 분야는 오지의 공공공사보다는 도심지인 민간건축 건설공사이기에, 건설현장에서 내국인이 느끼는 외국인 근로자의 일자리 잠식 정도는 우려 수준을 넘어서고 있다. 제2롯데월드 건설공사의 경우 롯데월드 측은 하루 7,000명 이상의 일자리가 창출된다고 자체 홍보한 바 있다. 그러나 그것이 모두 내국인 건설노동자의 몫이 아니라는 게 건설노동자의 하소연이다.

제2롯데월드 건설공사에서 1년 이상 근무해온 건설기능인력 K씨는, "아파트와 같은 민간건축 공사장은 외국인이 없으면 공사를 할 수 없다고 봐야 한다. 제2롯데월드 건설공사는 외국인이 얼마인지는 점심시간 때 알 수 있다. 점심시간에 식당에는 외국인만 바글바글하다. 내국인은 거의 보이지 않는다"고 전한다.

K씨의 말이 내국인 일자리 잠식에 대한 반감으로 외국인 근로자 수를 과장되게 말했을 수 있겠지만, 민간건축 공사현장에서 외국인 노동자가 대다수를 차지하고 있음은 부인할 수 없는 사실이다. 정부나 기업이 건설공사의 고용효과를 말하고 있지만, 상당 부분은 외국인에게 일자리가 제공되는 셈이다.

■ 한 건설노동자의 하소연

2016년 4월 강원도 건설노조가 주최한 토론회에서 전직 목수이자 현재는 일용직인 S씨의 증언을 그대로 옮겼다.

……일자리를 찾아보니 일할 마땅한 곳도 없고 그렇습니다. 1988년 노가다할 때 제 일당이 18,000원이었습니다. (목수 일이) IMF 오기 전에는 그래도 일자리가 있었습니다. 근데 IMF가 오면서 일자리가 없더라구요. 그래서 터널 노가다를 갔어요. 처음에는 그럭저럭 잘했습니다. 그때 터널 노가다가 처음에는 단가가 좀 쌌었어요. 그때 한 달 일하면 140만 원에서 150만 원, 이렇게 받았어요. 많이 받는 사람은 180만 원이구요. 그것도 시간제에 따라 다 틀리더라구요. 근데 저는 뭐 잘 계산을 못 하고 그냥 주는 대로 받았어요.

이후 터널 노가다들도 수입이 적다고 해서 인상을 한 게 280만 원까지 인상이 되었습니다. 지금은 300만 원에서 320만 원까지 받는 모양이더라구요. 근데 이게 일당이 월급제로 올라가 놓으니까, 회사에서 우리나라 사람 안 쓰고 외국인 근로자를 갖다 쓰는 거예요. 외국인 근로자를 쓰면 한 달에 보통 180만 원 정도 주는 것 같더라구요. 외국인 근로자한테 터널에서는 220에서 230만 원 줍니다. 그러면 우리나라 사람과 한 달에 70 내지 80만 원 차이가 있잖아요.

○○ 같은 회사는 터널 작업에 7~8명을 작업에 쓰면, 한국인 반장하고 조장 하나 쓰고 나머지는 다 외국사람입니다. 기본적으로 5명을 쓰는데, 한국사람 2명만 쓰고, 나머지는 다 외국인이에요. 원래 외국인은 장약을 못하게 되어 있어요. 외국인이 화약을 만지면 불법이에요. 그런데 저희는 이걸 얘기할 수 없어요. 근데 회사에서는 외국인을 어떻게 쓰냐 하면, 외국인을 신호수로 고용해놓고 신호수로 쓰는 대신 터널 막장 작업 인부로 쓰는 거예요.

2013년까지 터널 노가다 하다가, 터널 일도 자꾸 줄고 일감도 줄고 해서 (터널 노가다를 그만뒀습니다). 마지막으로 갈 데가 고향밖에 더 있습니까? 저도 평창이 고향인데, 그래 가지고 고향에 와서 아파트 같은 걸 짓고 있기에 일하러 갔습니다. 갔는데, 일을 할 수가 없습니다. 왜냐하면 외국인 근로자가 너무 많기 때문에. 한국인 근로자가 노가다를 할 수가 없는 세상이 되었어요. 외국인들이 한국 사람들을 왕따시켜버려요.

처음에 노가다할 때는 젊은 사람들이 그래도 많았어요. 근데 지금은 우리나라 사람들이 노가다하려고 하면 외국인 근로자한테 왕따가 되요. 타워크레인 신호수도 외국인 근로자가 한국말만 조금 할 줄 아면 다 신호수 봐요. 그래서 사고가 나는 거예요. 그렇지 않으면 왜 젊은 사람들이 노가다판에서 노가다 못하겠어요? 우리나라 사람들이 노가다판에서 할 수 있는 일이 뭔 줄 아세요? 기껏해야 용역, 나가서 빗자루질 하는 거예요. 이제 노가다 기술을 배울 수가 없어요. 외국인들이 너무 많이 들어와서 그래요.

그리고 노가다 하다 보면 회사가 못 벌었으니 못 준다 그래요. 저는 그런 걸 많이 겪었어요, 객지도 많이 돌아다녔구요. 근데 그 ××가 더 벌었을 때에는 더 주지 않았잖아요? 그 ××가 더 벌었을 때 더 줬으면, 저도 이해를 해요. 노가다 다니면서 돈 뜯긴 걸 신고도 못 해요. 신고하면 일이 떨어지거든요. 노가다는 일 떨어지면 돈 떨어져요. 지금은 용역 나가서 일 있으면 하루씩 다녀요. 저도 한때는 기술자였어요. 1997년도에 폼 붙이는 거 야리끼리(성과로 일하는 것) 하면 하루에 13~14만 원 벌었어요. 그런데 지금은 그렇게 못 벌어요. 지금 가서 14만 원 벌 수 있겠어요? 다시 목수 일을 하려니깐 외국인들에게 왕따당하고, 그 자리에서 일을 할 수가 없어요.

저는 나이가 많지 않지만, 저보다 어린 동생들도 현장에서 일을 할 수 있는 그런 노가다판이 되어야 하는데, 이런 개××들은 완전 싼 인력만 가지고 뭐 어떻게 하려고만 하니까…… 좀 도와주십시오, 진짜로. 우리나라 사람들은 노가다 현장 가서 할 수 있는 일이 없어요. 할 수 있는 것이라곤 오로지 빗자루질 그것밖에 없어요. 기술자는 될 수 없구요.

두서없는 말 들어줘서 고맙습니다. 이걸로 마치겠습니다.

해외건설공사, 내국인 고용효과는 없다

정부는 정책브리핑(2015. 6. 25.)을 통해 해외건설 누계 수주가 7,000억 달러를 돌파했음을 자축하면서, 해외건설 등 건설산업 발전에 공로가 많은 건설인 156명에 대해 정부포상과 국토교통부장관표창을 수여했다. 이에 국토교통부 관계자는 건설산업 분야가 활력을 되찾아 우리 경제의 지속적 발전을 위한 동력이 되길 바라며 건설산업의 선진화와 해외진출을 위해 최선을 다하겠다는 다짐을 했다. 국토교통부는 2014년 해외건설 수주액이 660억 달러로 집계되어, 아랍에미리트 원전건설사업(186억 달러)을 수주했던 2010년(716억 달러)에 이어 역대 2위를 기록했다고 밝혔다. 해외건설이 국가경제를 이끌어가는 선도산업이라며 흥분을 감추지 않았다. 정부의 호언대로 해외 수주액은 지속적으로 증가하고 있고, 그에 따라 해외 기성액도 큰 폭으로 증가하고 있다. 해외건설협회는 국토교통부가 설치한 해외건설정책지원센터의 보고서를 인용해 해외건설 취업자 수가 10년 전인 2004년(총 4,104명)에 비해 5.8배(총 2만 3,744명) 증가했다면서, 같은 기간 전체 산업의 취업자 수는 1.1배 증가하는 데 그친 것과 비교해 매우 높은 성장세를 기록한 것처럼 보도했다(2014. 4. 8.). 아울러 국내 건설 경기 침체에도 불구하고, 최근 해외건설 주요 기업의 해외 근로자 채용이 증가하고 있으며, 이런 추세는 금년에도 계속될 것으로 전망된다고 덧붙였다. 이런 정부의 호언대로 해외건설이 외화획득과 내국인의 고용창출효과가 있다면 더할 나위 없을 것이다. 국내공사의 고용창출효과가 점점 줄어들고 있는 상황에서, 최근 수주금액이 상승하고 있는 해외공사에 기대를 걸 수 있을 것이다.

우리가 해외수주를 기분 좋게 받아들이는 이유는 1980년대까지 해외건설로 외화획득이 가능하던 시절에 대한 향수 때문일 것이다. 1998년 외환위기를 부른 외화부족 국란을 거치면서, 외화획득이 내국인 일자리 창출로 이어질 것이라는 기대감으로 해외수주를 더욱 반갑게 만들었다. 하지만 우리의 기대와 달리 해외공사에서 지난 1980년대와 같은 외화 획득은 기대하기 어려워 보인다. 2013년부터 본격적으로 드러나기 시작한 대형 업체들의 해외건설 어닝 쇼크(Earning Shock)에서 보듯이, 이제 해외건설은 1980년대와 같이 경제발전의 견인차가 되지 못하고 있다. 오히려 대형 해외사업은 대규모 적자로 인해 국부유출이라는 비판을 받기에 이르렀다. 이러한 상황에서 최후의 위안 수단으로 굵직한 해외건설 수주가 내국인의 고용창출에라도 기여하고 있다면 그나마 다행스럽게 볼 수 있겠다.

해외건설의 10억 원당 취업자 수를 알아보자. 이를 위해서 해외

건설현장 취업자 수와 통계청의 해외건설 기성액을 비교해봤다(《표 3-4》). 취업자 수는 해외건설정책지원센터의 「해외건설 일자리 창출 추이 분석과 전망」보고서(2014. 4. 17.) 자료를 참조했고, 기성액은 통계청의 건설업 자료 중 해외기성액을 인용했다. 이들을 조합한 결과 해외건설은 10억 원당 최고 0.5명의 취업자 수를 보이고 있었는데 이는 한국은행이 발표한 국내 건설업의 취업자 수 8.8명과 비교할 때 1/17에 불과하다. 이 정도라면 실질적인 고용효과가 없는 것과 마찬가지 아닐까. 만약 정부가 자주 언급한 해외공사의 고용효과가 내국인에 대한 것이었다면, 정부의 고용효과 주장은 더더욱 사실이 아니다.

여러 건설업계 임직원들로부터 전해 들은 해외공사 규모와 내국인 고용상황을 정리하면 대략 이렇다.

중동지역 초대형 플랜트공사는 사업규모가 1조 원(약 10억 달러) 이상이고, 최근에는 3~4조 원 규모 공사를 수주했다는 기사가 드물지 않게 나온다. 통상 플랜트공사는 공사기간이 3년 정도이므로 공사기간 연장 없이 무난하게 준공되는 것을 전제로 한다면, 1년에 4,000억 원 내지 1조 원 정도의 기성액이 발생한다. 이런 규모의 공

〈표 3-4〉 최근 5년간 해외건설 취업자 수 및 기성액

구분	2009년	2010년	2011년	2012년	2013년
취업자 수(명)	13,350	14,556	18,338	23,902	23,744
기성액(10억 원)	30,119	30,528	38,775	47,776	48,896
10억 원당 취업자 수	0.44	0.48	0.47	0.50	0.49

사에 내국인 근무자는 연간 약 40~50명 정도가 투입되는데, 내국인 건설노동자를 고용하는 경우는 극히 드물다. 국내 하도급업체가 부분적으로 참여하는 경우가 있지만, 하도급업체 또한 대부분 외국인력을 사용하므로 전체적인 내국인 고용인원수는 크게 달라지지 않는다. 평균으로 연간 5,000억 원 공사를 하기 위해 40~50명이 고용된다면, 기성액 10억 원당 내국인의 취업자 수는 0.1명(=50명÷5,000억 원×10억 원)이 된다. 해외공사는 국내 자재나 장비를 사용하는 경우가 매우 제한적이므로 내국인에 대한 취업 유발 역시 미미할 것이다. 건설산업 취업계수가 10억 원당 8.8명이라고 말한 것과 비교하면 비교 자체가 민망할 정도로 낮다.

제3국 등의 일반 토목공사(도로, 교량, 지하철, 댐) 규모는 약 500억 원에서 5,000억 원 정도로 다양하다. 토목공사의 공사기간은 대략 3~4년 정도인데, 연간 약 300억 원 공사 수행을 위해 내국인 근무자는 연간 약 5명 정도 투입된다. 현장소장, 공무팀장, 관리팀장이 각 1명이고, 공사팀장급은 2명 정도다. 평균하여 연간 300억 원 공사에 5명이 고용된다면, 기성액 10억 원당 취업자 수는 0.17명(=5명÷300억 원×10억 원)이 된다. 초대형 플랜트공사의 내국인 취업자 수보다 약간 많은 듯하지만, 이 또한 국내 건설산업의 취업자 수와 비교할 정도가 되지 못한다.

십 수년 이상 해외견적과 현장근무를 해온 대형 업체 K부장은 "실제 대형 해외현장에서 근무하는 한국인은 4~5명에 불과하다. 빠듯한 공사비 때문에 대부분 외국 기술자를 채용하고 있으며, 내국인 기능인력은 거의 고용하지 못하고 있는 것이 사실이다" 라고 말했다. 그는 "국내 인원이 거의 없음에도 이익을 남기는 현장이 많지는 않다" 라면서 어려운 해외건설의 실상을 말했다.

해외건설공사는 공사수행과 수주를 위해 현지지사 및 본사지원 등이 있다. 이들까지도 해외고용인원에 포함되어야 한다는 주장이 있을 수 있겠지만, 그 인원은 해외에서의 내국인 평균 취업자 수를 유의미하게 상승시킬 정도는 결코 아니다. 따라서 정부가 매년 읊조리는 것과 달리, 해외건설공사의 내국인 고용효과는 거의 없다고 보는 것이 타당하다. 국부유출 논란은 차치하더라도, 이런 기본적인 검토조차 하지 않고서 고용창출 효과가 상당할 것처럼 발표하는 것이 무슨 의도에 기인한 것인지 궁금하다.

최근 해외공사 수주 급증, 80년대 향수는 없었다

오일머니를 기반으로 한 중동지역을 중심으로 해외건설 수주가 급증한 이후 건설업계는 큰 고민에 빠졌다. 건설업계 관계자라면 공공연히 알고 있는 대규모 적자 때문이다. 회사의 평판과 주가폭락 등을 우려하여 이런 위기 상황을 솔직하게 말하지 못했다. 그 와중에 건설업계 4위인 GS건설이 2013년 1분기 5,354억 원 적자라는 어닝쇼크를 전격 발표했고, 곧바로 5만 원이 넘던 주가는 반 토막이 났다. 업계에서는 무리한 저가경쟁 수주전을 원인으로 지목했다. 문제는 어닝 쇼크가 GS건설에서만 발생한 것이 아니라는 점이다. 대형 해외건설 수주를 앞다투어 나선 대형 건설업체의 적자 소식은 건설을 넘어 조선업까지로 확장되고 있다.

일부 사례들이 2013년 《조선비즈》의 "低價 해외공사의 저주 시작되나" 시리즈 기사 등으로 알려지기 시작했다. 시리즈는 GS건설의 5,354억 원 영업손실 발표를 근거로 "4위 건설사 실적쇼크……" 라는 기사(2013. 4. 11.)를 통해 사우디아라비아·아랍에미리트·미국 등에서 대규모 공사를 따냈던 대행 건설사들이 줄줄이 손실을 보는 사태가 우려된다고 지적했다. 지난 2010~11년의 무리한 해외수주가 현장 준공을 앞두고 대대적 손실 정리가 불가피했다는 것과 아울러 한 업체는 국내 대형 업체와의 수주경쟁에서 협상 수준보다 2~3억 달러 낮은 금액으로 낙찰받았다는 사례까지 언급했다. "해외 덤핑수주(2009~2011년 1,800억 달러) 10%만 손해 봐도 국내건설사 20兆 날려"라는 제목의 기사(2013. 4. 12.)에서는 입찰가를 낮춰 써내는 '덤핑경쟁' 저가 수주전 심화를 우려했다. 다음날 기사(2013. 4. 13.)는 호주 광산개발사업을 포스코건설이 수주(63억 달러)하기 직전에 삼성물산이 6억 달러를 낮춘 57억 달러로 제시했다고 전했다. 덤핑수주를 우려한 것이다. 연이은 기사(2013. 4. 15.)에서는 "2011년 A사가 6억 달러가량에 따낸 사우디 설비공사는 국내 4개 건설사가 함께 뛰어들면서 출혈 경쟁이 벌어져 낙찰가가 예상가의 34%에 그치는 씁쓸한 결과를 낳았다. 원래 17억 달러 이상은 받을 수 있다고 점쳐졌던 공사였다"라고 전하며 해외에서의 가격경쟁을 우려하면서 조만간 해외공사의 저주가 시작되리라고 내다봤다.

해외건설공사에 대한 대규모 적자를 보면서 안타까운 생각이 든다. 대형 업체가 국내에서는 턴키 공사나 민자사업 등에서 상시 담합하여 세금으로 과다한 이득을 챙겨온 반면, 해외에서는 국내업체끼리 치열한 가격경쟁을 하여 결과적으로 외국 발주자 배만 불려

준 꼴이 됐기 때문이다. 외화를 벌어와도 시원치 않을 형국에, 국내에서 담합과 고분양가 거품으로 긁어모은 피 같은 돈을 외국에다 갖다 바친 꼴이다. 국부유출이라는 비난에서 벗어나기 어렵다.《조선비즈》시리즈 기사에 언급된 호주 광산개발사업은 2015년 11월경 준공 지연으로 인해 지체상금을 물어야 하는 상황에 처했다는 기사들이 나왔다. 그간 건설업계에 호의적이었던 정부조차도 문제의 심각성을 느껴 수주산업인 해외건설업에 대해 회계투명성 재고방안을 발표하기도 했다(2015. 10. 28.). 실효성이 얼마나 될 것이고, 회계투명성만으로 적자 해외공사가 흑자로 전환될 것인지 미지수이지만 말이다.

지난해 우리는 광복과 함께한 건설 70년을 자축한 바 있다. 다수의 국제적 프로젝트를 성공적으로 완수해 이제는 웬만한 선진국과 어깨를 겨눌 수 있는 기술력과 경쟁력을 확보했다는 자신감도 내비쳤다. 그러나 2013년의 시리즈 언론기사의 우려가 현실로 이미 다가와버렸고, 이제는 대형 건설업체뿐만 아니라 조선·해운산업의 적자 소식에 지치고 말았다. 해외현장에서 고전을 면치 못하는 것을 보면 경쟁력이 키워졌다는 자축에 결코 동의하기가 어렵다. 늦었지만 이제라도 무엇이 우리나라 건설산업의 경쟁력을 약화시켰는지 심각하게 되짚어봐야 할 시기가 아닐까 싶다.

■ 사례

지금 40대 후반인 S씨. S씨는 1990년대 중반 파키스탄의 고속도로공사에 참여한 경험이 자연스럽게 떠올랐다. 필리핀인 요리사 2명과 한국인 반장 1명을 현장에 투입하려는데 파키스탄 정부로부터 쉽게 입국허가가 나오지 않아 많은 애를 먹었기 때문이다. 당시 우리나라 사람들은 낮은 경제수준을 가진 파키스탄을 만만하게 보았고, 그들을 무언가 가르쳐줘야 하는 대상으로만 보았다. 그런데 파키스탄 정부는 한국인 직원 식사를 책임지는 필리핀인 요리사에 대해 취업비자(Work Permit)를 내주지 않았다. 이유는 다른 데 있지 않았다. 파키스탄 내에도 많은 요리사가 있다면서, 왜 파키스탄인 요리사가 아닌 다른 나라 요리사를 채용하는지를 받아들일 수 없다는 이유였다. 현장소장과 관리직원의 지속적인 노력(?)으로 거의 1년이 되어서야 필리핀인 요리사 2명을 현장으로 데려올 수 있었다. 그 사이 한국인 직원들은 파키스탄인 요리사가 만들어주는 음식으로 연명해야 했다.

본격적으로 공사가 진행되면서 한국인 반장(Foreman) 1명을 추가 투입하기로 했다. 그러나 한국인 반장의 취업비자는 더더욱 안 된다고 했다. 현장 기능인력은 파키스탄 내에 얼마든지 있으며, 현장 반장은 파키스탄 사람도 충분히 할 수 있다는 논리였다. 아무리 한국인 반장이라 하더라도 현장에서 하는 일은 파키스탄인 반장과 크게 다르지 않다는 것이 파키스탄 정부의 입장이었다. 한국인 반장도 우여곡절을 겪은 후 현장에 투입됐다. 당시까지만 해도 S씨는 파키스탄 정부의 취업비자 불허 행태가 이해되지 않았다.

그런데 언제부터인가 우리나라에도 외국인 노동자가 밀려들기 시작했다. 우리나라 또한 1970~1980년대까지만 해도 돈을 벌기 위해 머나먼 타국으로 노동력을 팔러 나간 현대사가 있기에 외국인 노동자의 국내 유입에 대한 거부감이 없었다. 그러나 민간공사뿐만 아니라 공공공사에서도 외국인 노동자가 넘쳐나면서 뭔가 이상하다는 생각이 들기 시작했다. 국내 건설현장의 일자리가 가뜩이나 부족한데도 계속 외국인 노동자가 유입되고, 한번 들어온 외국인이 불법체류자로 정착하면서 내국인의 일자리가 외국인 불법체류자로 급격히 대체되고 있음을 느끼면서부터다.

S씨는 외국인이 내국인 일자리를 심각한 수준으로 잠식하고 있는 현 상황을 곰곰이 생각해본 이후, 우리나라 노동정책은 오히려 우리가 깔보았던 파키스탄으로부터 배워야 한다는 결론에 이르렀다. 부패가 심각한 파키스탄에서도 자국민의 일자리가 외국인에게 돌아가지 못하도록 엄격하게 제한하고 있었으니 말이다. 우리나라가 제3국 정부가 아닐진대 내국인 일자리를 제3국인에게 맡기는 것은 자국민에 대한 배신행위가 아닐 수 없다. 더 큰 문제는 우리나라 공공부문이 이러한 사실을 알고 있으면서도 자기 일이 아니라고 나 몰라라 방치하고 있다는 점이다. 돈을 벌려고 온 외국인 노동자가 내국인만큼 꼼꼼히 작업을 할 가능성이 전혀 없기 때문이기도 하거니와, 언어 소통이 어렵다 보니 품질과 안전과도 직결되는 사안임을 간과해서도 안 된다.

파키스탄 공사현장은 비숙련 외국인 근로자의 채용이 허용되지 않음을 계약조건으로 분명하게 명시해놓았다(No import of common or unskilled labour will be permitted). 자국내 공사에 대해 자국민 고용을 원칙으로 하고 있음을 의미한다. 우리나라 공공건설 공사현장에는 왜 이러한 계약조건을 명시하지 않았을까 하는 생각이 더욱 많아지는 요즈음이다. 파키스탄 정부에서 건설공사 도급계약조건 중 건설노동자 고용에 대한 규정을 보면, 우리나라 정부가 배워야 한다는 안타까움이 커진다.

INDUS HIGHWAY(N−55) PROJECT MANJHAND−SEHWAN
CONTRACT DOCUMENTS
34 (1) ENGAGEMENT OF LABOUR
The Contractor is encouraged, to the extent practicable and reasonable, to employ staff and labour with the required qualifications and experience from sources within PAKISTAN. No import of common or unskilled labour will be permitted.

3. 건설시장, 외국인 노동자의 가파른 증가세

누가 건설노동자 일자리를 옮기나

건설근로자공제회가 발표한 「2015년 건설근로자 종합실태조사」 보고서(2015. 10.)의 전체 월평균 근로일수는 14.9일이고, 경력 10~15년과 경력 20년 이상의 월평균 근로일수는 각각 15.7일과 15.9일이다. 경력 10년 이상이면 건설노동을 생업으로 하는 노동자가 분명할진대, 한 달에 절반 정도의 일감만으로는 적정수준의 생활을 유지하기 어려울 것이다. 대부분 일당으로 임금을 지급받는 건설노동자는 각종 복리후생이 전혀 없는 까닭에, 일하지 않는 날은 굶어야 하기에 더욱 그렇다. 건설노동자 일자리 부족은 수입감소로 이어져, 건설노동자의 삶을 더 피폐하게 만든다. 제대로 된 정부라면 건설노동자의 일자리가 허투루 새어나가지 못하도록 눈을 부릅떠야 한다.

건설노조의 「건설노동자 임금 및 건설장비 임대료 등 실태조사」 보고서(2015. 10.)는 숙련공 양성을 위해 무엇이 가장 필요한가에 대한 복수응답에서 적정임금 보장 37.4%, 적정한 일자리 제공 17.8%, 원도급업체 직접고용 15.0%라는 응답 결과를 내놓았다. 수입이 높아져야 한다는 현실적 어려움이 절절이 배어 있다. 임금수준 관련 설문결과를 보면 건설노동자는 임금이 현재보다 1.4배 이상 인상이 필요하다고 응답했다. 아울러 건설노동자 부족 현상은 3D라는 열악한 작업여건에 비해 임금이 낮기 때문에 벌어진 현상으로 보고 있었다. 상당수 건설노동자는 낮은 임금과 아울러, 비록 건설현장이 3D 일자리이지만 이마저도 부족하여 숙련공이 양성되지 않는다고 생각하고 있었다. 건설노동자의 일자리를 늘리는 것이 어렵다면 적어도 외국인 노동자에게 불법적으로 넘어간 일자리라도 되돌려 놓아야 한다.

건설노조 보고서는 외국인력 유입에 대한 설문 내용도 포함하고 있다. 외국인 노동자 유입이 내국인 건설노동자의 근무여건에 영향을 주지 않는다면 별다른 문제가 되지 않을 것이다. 설문조사 결과 5년 전과 비교하여 외국인 노동자의 유입이 증가했다는 응답이 85.9%로 압도적이었다. 설문분석 결과 외국인 노동자 유입이 자신들에게 미치는 영향에 대해서는 전반적으로 부정적인 응답이었다 ([그림 3-3]). 일자리는 80.6%가 감소했다고 응답해 그 정도가 가장 심했다. 다음으로 외국인 유입에 따라 임금이 감소했다는 응답이 67.6%였고, 임금이 올랐다는 응답은 5.8%에 불과했다. 마지막 노동

[그림 3-3] 외국인력 유입에 따른 내국인 노동환경 변화

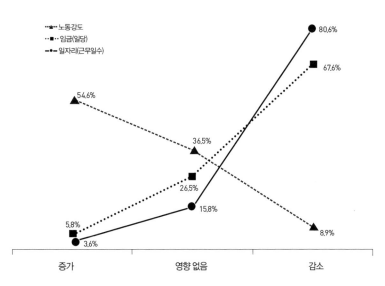

강도에 대해서는 54.6%가 증가했다고 응답했고, 영향이 없다는 응답은 36.5%이었다.

물론 적정수준 이상의 임금을 보장했는데도 내국인 건설노동자가 절대적으로 부족하다면 외국인 노동자 유입을 부정적으로 볼 이유는 없다. 하지만 각종 보고 자료는 내국인 건설노동자 부족 원인에 대한 규명 없이 숙련공 양성이 필요하다는 말을 형식적으로 거론할 뿐, 최종적으로는 외국인력 추가 유입을 주장하며 결론을 내린다. 저가의 외국인 노동자 유입을 위해서 숙련공이 부족하다는 논리를 아전인수식으로 이용한다. 이런 경향은 건설업계 주장과 거의 흡사하다. 결론적으로 말하자면 건설노동시장에서 인력이 부족해진 것은 건설현장 일자리가 나쁜 일자리로 전락했기 때문이다. 나쁜 일자리에 젊은이들이 유입되지 않는 것은 지극히 당연하다. 여기에다 기존 건설노동자에게는 안전사고 등으로 자연적 감소라는 악순환 구조가 형성되어 있다. 만약 1장에서 인용한 호주 광산의 광부 제이슨 디니슨처럼 우리나라 건설노동자에게도 상당한 임금이 지급된다면, 모르긴 몰라도 수많은 젊은이가 몰려들 것이다. 건설노동 일자리를 나쁘게 만들어서 건설노동자가 부족해진 것이지, 처우가 좋음에도 불구하고 3D 직종이라서 노동자들이 외면한 것은 결코 아니라는 뜻이다.

고용노동부 워크넷이 외국인 노동자 채용수단으로 전락

우리나라 건설업은 건설노동자가 정말로 부족하여 외국인 노동자를 채용할 수밖에 없는 걸까? 고용노동부 워크넷(Work Net)의 내국인 구인신청 및 채용건수 자료를 보면, 내국인이 절대적으로 부족한 것으로 오해할 만하다(《표 3-5》). 워크넷에 의한 구인신청에 따른 채용비율이 2012년 0.48%, 2013년 0.46%, 2014년 0.37%로 나타나기 때문이다. 채용비율이라는 수치를 만드는 것조차 민망한 정도이고, 이 정도라면 사실 우리나라는 실업자가 거의 없어야 한다.

〈표 3-5〉 워크넷 내국인 구인신청 및 채용건수(2012~2014년)

연도별	규모	2012년	2013년	2014년
구인신청 (명)	계	417,630	558,877	397,226
	10인 이하	167,437	198,487	164,432
	11~100인	213,772	306,847	199,219
	101인 이상	36,421	53,543	33,575
채용 (명)	계	1,992	2,553	1,451
	10인 이하	276	360	301
	11~100인	1,125	1,554	821
	101인 이상	591	639	329

다음은 실제로 외국인 노동자에 대한 고용업무를 담당하는 하도급건설업체 관리담당자와 나눈 대화 내용이다.

"하도급건설업체에서 외국인을 직접고용하는 것 같은데, 맞나요?"
"예. 하도급업체가 직접 공사를 수행하므로 노무비 절감방법의

하나로 외국인을 많이 씁니다."

"외국인 노동자를 고용하기 위한 조건이 있지 않나요? 무조건 외국인을 채용하도록 정부에서 방치하지는 않을 것 같습니다."

"물론입니다. 건설업체가 구인활동을 했는데도 사람을 구하지 못했다는 것을 입증해야 합니다."

"활용하는 방법은 뭔가요?"

"주로 고용노동부의 워크넷을 통하여 구인광고를 하는 것입니다. 일간지 광고 등의 방법은 비용도 들지만 증거자료로 활용하기가 쉽지 않은 데 반해, 워크넷은 노동부가 직접 운영하므로 구인활동에 대한 입증이 간편하거든요."

"그럼 노동부 워크넷을 통하여 내국인력을 고용한 사람은 몇 명 정도 되나요?"

"(당연하다는 듯이) 전혀 없지요."

"왜 없나요? 요즘 건설 '노가다' 일자리도 줄어들었다면서 야단이던데."

"사실 워크넷은 내국인을 고용하기 위한 방법이 아닙니다. 구인활동을 했는데도 14일 동안 내국인을 구하지 못했다는 증거자료로 활용하기 위한 수단입니다."

"정부가 운영하는 워크넷을 통하여 내국인을 고용하지 못했다면 여러 이유가 있겠군요. 혹시 내국인 '노가다' 아저씨들이 워크넷을 잘 몰라서 신청을 안 해서 그런 건가요?"

"아휴, 그렇지 않습니다. 워크넷에 올리면 바로 전화가 옵니다. 그런데 우리 목적은 외국인 노동자를 뽑기 위한 절차가 필요한 것이기 때문에 채용이 끝났다는 말로 둘러댑니다. 어떤 때는 워크넷에 올리자마자 전화가 왔는데 벌써 채용했다는 게 말이 되냐면서 따지는 경우도 많았어요. 그땐 많이 난처합니다."

"이런 제약에도 불구하고 외국인을 선호하는 이유는 무엇인가요?"

"우선은 노임이 저렴해서 많이 고용했습니다. 그리고 외국인은 내국인보다 젊어서 건강하기도 하구, 우리가 지시하는 것을 좀 잘 따르는 편이라 선호합니다. 그런데 요즘에는 외국인도 임금이 많이 올라 아주 싸지는 않아서 고민입니다."

이 대화에서 알 수 있듯이, 고용노동부 워크넷을 통한 구인활동은 애초부터 내국인 고용이 목적이 아니었다. 워크넷 등록 후 많은 구직문의가 오지만 이런저런 핑계를 대고 둘러대어 법령에 정해놓은 14일 동안의 구인기간을 채우기 위한 것임을 조심스럽게 털어놓은 것이다. 정부가 내국인 고용을 위해 운영하는 워크넷이 실상은 내국인이 아닌 외국인 고용을 위한 합법적 도구로 활용되고 있는 셈이다. 황당한 일이 너무도 당연하게 일어나고 있다. 설문을 비롯한 조사결과에서도 내국인의 구인(구직)이 정부 워크넷으로 이루어졌다는 응답은 거의 없었다. 하도급건설업체 직원의 말이 그야말로 사실이었다.

고용노동부의 「건설인력 수급실태조사」 보고서(2013. 11.)에는 비숙련인력에 대한 구직구인경로에 대한 설문조사 결과를 담고 있다 (《표 3-6》). 건설노동자의 구직과 건설업체의 구인경로에 고용노동부의 워크넷은 아예 존재하지도 않았다. 비숙련인력에 대한 건설노동자의 구직경로 응답 결과는 팀·반장 인맥이 70.7%, 민간 무료소개소 17.9%로 공(公)적인 통로는 거의 없었다. 건설업체의 구인경로 응답 결과는 조금 상이했지만, 팀·반장 인맥이 27.8%, 민간 유료소개소 53.3%로 대부분을 차지했다. 정부는 업체가 구인노력을 14일간 실시하고서도 인력을 구하지 못하기 때문에 외국인 노동자 채용에 문제가 없다는 식으로 해명하고 있다. 하지만 각종 조사 자료로 볼 때 건설업체의 구인노력이 저가 외국인 노동자를 데려오기 위한 형식적 절차임을 분명히 알 수 있다. 정부 또한 이런 실상을 모를 리 없으니 알면서도 방치한 것은 분명한 직무유기다. 만약 몰랐다면 무능의 극치가 아닐 수 없다.

외국인 노동자 증가속도 월등히 높아

〈외국인근로자의 고용 등에 관한 법률〉에 따라 합법적으로 국내 건설현장에서 일할 수 있는 외국인은, 고용허가제(E-9)의 약 1만 2천 명과 건설업 취업등록제(H-2)의 약 5만 5천 명을 합한 6만 7천 명뿐이다(〈표 2-11〉). 외국인의 건설업 취업자 수는 총량으로 관리되고 있고 건설노동계의 강한 반발 등으로 증가폭은 미미하다. 그런데도 건설업에 취업한 외국인은 꾸준히 증가하고 있으며, 증가속도 또한 높다. 건설업에 대한 외국인 취업동향 현황 자료는 별도로 없는 것 같다. 이에 간접적으로 증감 현황을 알아보기 위해 마침 2014년도에 처음으로 발표된 일용건설근로자 퇴직공제 통계연보를 참고했다.

건설근로자공제회는 일용건설근로자 퇴직공제 통계연보를 처음

<표 3-6> 구직 및 구인경로(%)

구 분		건설노동자 구직 경로	건설업체 구인경로	
			숙련인력	비숙련인력
팀·반장 인맥	2010년	78.3	95.2	45.5
	2013년	70.7	89.5	27.8
민간 무료직업소개소	2010년	10.6	0.4	2.2
	2013년	17.9	1.0	6.0
공공 무료직업소개소	2010년	1.6	0.4	6.3
	2013년	5.0	2.2	4.0
유료 직업소개소	2010년	6.3	3.9	38.8
	2013년	3.6	6.3	53.3
새벽인력시장	2010년	10.9	0.0	7.1
	2013년	1.4	0.3	8.3
기타	2010년	0.0	0.0	0.0
	2013년	1.3	0.6	0.7

발표했다(2014. 7. 8.). 2013년까지 퇴직공제 가입 누계는 426만 명이고, 그중 외국인 근로자 퇴직공제 가입 누계는 27만 명 정도다. 외국인 근로자의 신규 진입 비율을 보면 국제금융위기 직후인 2010년경 대폭 감소한 이후부터 가파른 증가세를 보이고 있고, 해를 거듭할수록 내국인과의 증가율 격차가 더욱 커지고 있다([그림 3-4]). 2013년의 외국인 증가율은 더 가파르게 늘어난 반면, 내국인은 오히려 전년대비 증가율이 낮아졌다. 신규 가입뿐만 아니라 전체 퇴직

공제 가입증가율도 외국인 근로자가 항상 높았다. 2012년까지의 증가율은 큰 차이가 나지 않았지만, 2013년에는 거의 두 배 정도의 증가율 차이를 보였다([그림 3-5]). 외국인 근로자의 퇴직공제 가입 인원의 급증현상은, 외국인에 대한 납부실적이 내국인과 달리 거의 누락되지 않는 것이 이유 중 하나일 것이다. 외국인 근로자의 증가 추세로 볼 때, 국내 건설투자로 인한 고용효과가 오히려 외국인에게 더 집중되는 추세로 느껴져 씁쓸하다.

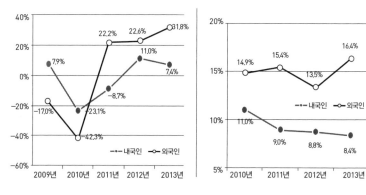

[그림 3-4] 신규 퇴직공제 가입자 증감 현황   [그림 3-5] 전체 퇴직공제 가입자 증감 현황

외국인 노동자 유입비판을 노동자 차별로 보는 얼치기 주장들

우리나라 건설노동시장의 외국인 노동자 유입현상을 보면서, 생각 나는 큰 의문점이 있다. 서유럽이나 미국보다 한국의 임금이 낮은데 도 동남아 등지의 외국인들이 왜 유독 한국을 더 선호하는가이다. 평범한 국민이라면 누구나 가질 수 있는 지극히 단순한 물음이다. 서유럽이나 미국에 가서 일하면 더 많은 돈을 벌 수 있는데, 차별과 심지어는 인권유린을 당하면서까지 왜 굳이 한국으로 들어오는지

이해가 되지 않기 때문이다.

답은 간단했다. 서유럽이나 미국은 제3국인을 우리처럼 무원칙적으로 수입하지 않을뿐더러, 유입된 외국인 노동자에 대한 차별적 처우를 금지하고 있기 때문에 특별한 경우가 아니고서는 굳이 외국인을 고용할 이유가 없다. 반면 우리는 내국인보다 더 적은 노임으로 일을 시키기 위한 수단으로, 즉 차별적 대우를 통해 노무비를 아끼기 위한 수단으로 외국인 노동자를 유입시키고 있다. 노동여건을 악화시키는 수단으로 활용되고 있는 것이다. 내국인 노동자가 외국인 노동자 유입을 절대로 반길 수 없는 이유다. 그런데 엉뚱하게도 일각에서는 외국인 노동자 차별 철폐와 외국인 노동자 유입 비판을 같은 선상에서 바라보는 입장이 있는 것 같다. 일부 자칭 진보진영이나 시민단체에서 외국인 노동자 유입 차단 주장을 외국인 노동자에 대한 차별인 양 판단하는 것은 엄청난 착각이 아닐 수 없다. 밑바닥 서민정서를 모르는 이런 얼치기 주장들이 서민들로 하여금 진보측을 지지할 수 없게 만든다. 서민의 실생활과 동떨어진 운동과 주장은 대중의 지지를 받지 못하며, 오히려 반감만 키운다.

우리나라가 미국과 유럽연합 등 부유한 나라와 자유무역협정(FTA)을 체결하고서도 왜 노동시장을 개방받지 못했는지 곰곰이 생각해봐야 한다. 우리나라 노동자의 기능이 낮아서는 결코 아니다. 아무리 개방적인 국가라도 자국민의 일자리와 직결되는 노동문제에 대해서는 매우 보수적일 수밖에 없다. 특히 비숙련 일자리는 결코 개방대상이 되어서는 안 된다. 1996년 독일 뮌헨에서 일어난 건설노동자 파업은 외국인 노동자 임금을 내국인과 동일하게 지급하라고 주장했다. 차별을 하지 말라는 것이다. 이후 독일은 외국인 노동자에 대해서도 독일국민과 동동한 대우를 하도록 관련 규정을 만들었다. 하지만 우리나라는 내국인 건설노동자가 저가 외국인 노동자와 임금경쟁을 하고 있는데도 아무런 대책을 내놓지 않고 있다. 후술하는 적정임금제 법제화가 매우 절실한 상황이다. 적정임금제가 법제화된다면, 임금경쟁이 아니라 노동생산성에 유리한 채용 경쟁으로 질적 변화가 이뤄질 것이다.

외국의 엄격한 비숙련 노동자 고용조건

《내일신문》은 "저임금 외국인 유입정책은 국가의무 포기"라는 기사를 통해 건설노동자의 일자리가 저가의 외국인에게 넘어가고 있고, 근로조건이 악화되는데도 이를 방치하고 있는 정부의 무대책을 비판했다(2015. 3. 10.). 정부(고용노동부)는 선진외국의 경우에도 건설인력난 해소를 위해 외국인력을 도입하는 사례가 있다면서 「해외 비전문 외국인력 고용허용 주요 사례」 자료를 제시했다(〈표 3-7〉). 사실관계에만 본다면 외국에서도 건설업 인력난 해소를 위해 외국인력을 도입하는 사례가 있는 것은 맞다. 그러나 외국에서 이루어지는 외국인력 도입과 현행 우리나라의 외국인력 도입제도가 같은 것처럼 해명하는 것은 오류이거나 의도적인 왜곡이다.

고용노동부의 고용허가 해외 사례를 국가별로 정리하면 대강 다음과 같다. 미국은 단순 육체노동력이 부족할 경우를 요건으로 하고 있으며, 비농업(H-2B) 분야에 연간 6만 6천 명으로 제한하면서 이 경우에도 미국인과 동일한 임금과 노동조건을 제공하도록 했다.

즉, 내·외국인의 차별을 금지한다. 독일 또한 외국인 고용이 독일인의 고용조건을 악화시키지 않을 것을 증명하도록 하고 있고, 독일인과 동등한 대우를 하도록 규정하고 있다. 캐나다의 경우는 좀 더 구체적이다. 외국인력이 저임금 일자리 인력의 10%를 넘지 못하도록 제한하며, 고용주는 정부에게 외국인 채용이 자국 노동시장에 부정적 영향을 미치지 않는다는 노동시장평가(LMIA)를 받게 되어 있다. 캐나다 정부는 외국인력 유입으로 자국민의 노동시장이 나빠지지 않도록 적극 개입하고 있다. 일본의 경우는 기능 분야로 제한하고 있어 비숙련 외국인력 유입을 원칙적으로 불허하고 있다.

외국의 비숙련 인력고용 사례를 보면 몇 가지 공통점이 있다. ① 자국의 노동력이 부족한 경우이어야 한다. ② 자국민과 동일한 임금과 노동조건으로 대우해야 한다. ③ 외국인력 유입으로 고용조건이 악화되지 않아야 한다. 그럼에도 선진외국 사례를 우리나라의 외국인력 정책과 비슷한 것으로 본다면 한심한 일이 아닐 수 없다.

정부는 외국인력의 비율이 70%에 육박한다는 싱가포르의 사례를 강조하는 듯한데, 이는 적절치 못하다. 싱가포르는 도시국가에 불과해서 대규모 토건사업이 추진될 때 건설노동력이 절대적으로 부족할 수밖에 없다. 싱가포르는 2030년까지 대규모 인프라공사 계획이 예정되어 있다. 자체 인력만으로는 건설인력을 조달할 수 없어 외국인 건설노동자 없이는 공사 수행 자체가 불가능하다. 싱가포르 또한 싱가포르인 1명당 채용 가능한 외국인 노동자 수를 7명으로 제한하는 쿼터제와 도급금액당 최대 고용 가능한 인원수를 동시에 적용하고 있다. 오히려 대규모 토건사업으로 인해 자국민의 몸값이

<표 3-7> 해외 비전문 외국인력 고용허용 주요 사례

국가	해당 비자 및 적용 대상	도입업종 및 직종	내국인 고용보호 조치 등	도입절차	고용기간
대만	• 취업허가	• 제조업, 건설업, 간병인, 선원, 가정부 등	• 공공직업안정기관을 통한 7일간 구인노력 의무(3개 일간지에 신문광고) • 사업주에게 고용부담금(업종·직종별로 600~2300대만달러) 및 고용보증금 징수(2개월분 기본급)	• 공공직업안정기관을 통한 구인노력 • 노공위원회(노동부)의 고용허가 • 직접 또는 민간알선업체를 통해 인력선발	최초 2년 (최대3년)
싱가포르	• 취업허가(R패스)	• 제조업, 건설업, 조선업, 서비스업, 가정부 등 *건설업은 외국인 근로자의 비율이 70%에 육박	• 사업장별 고용한도 설정 운영(제조업은 총 고용인원의 60%, 서비스업은 45%내에서 외국인 고용허용) • 외국인 고용 사업주에게 매월 고용부담금 징수 -기업의 외국인 노동력 의존 비율에 따라 차등 적용 • 사업주에게 고용안정보증금(security bond) 부과	• 민간알선업체에 의뢰해 인력선발 • 인력부(MOM)의 외국인근로자 도입 허가 • 외국인근로자는 입국 후 work permit 카드 발급	최초 2년 (최대4년)
독일	• EU이외 출신국가(제3국) 외국인에게만 고용허가(EU회원국 외국인은 제한 없음)	• 인력부족직업리스트에 있는 직업 • 연방고용노동청 산하 노동사무소의 조사를 통해 작성, 6개월마다 업데이트	• 공공직업안정소를 통해 4주 이상 구인노력 의무 • 외국인고용이 독일인의 고용조건 등을 악화시키지 않을 것을 증명 • 취업한 외국인에게는 독일인과 동등한 대우	• 연방노동사회부는 송출국가와 송출협정 체결 • 사용자는 연방노동사회부에 알선 의뢰 • 현지출장소에서 근로자 모집·선발	최초 3년 (최대5년)
미국	• 임시근로자(H-2) -일시적으로 단순 육체 노동력이 부족할 경우 외국으로부터 부족한 노동력	• 비전문 한시적 근로자 - 농업(H-2A) - 비농업(H-2B)	• H-2B는 연간 66,000명 제한 • 고용주는 연방노동부에 노동허가서 교부받기 전 제출하는 노동조건신청(LCA) 시 -내국인과 동일한 수준 또는 그 이상의 임금과 노동조건을 제공하고, 고용기간 중 파업·공장폐쇄·작업중단을 하지 않겠다는 증명 및 서명	• 미국에 있는 고용주의 초청신청서(I-128B) 필요 • 정부(연방노동부)의 노동허가(Labor Certification) 승인	최대 3년
영국	• 기술인력(Tier 2) • 비전문인력(Tier 3)	• 인력부족리스트에 있는 직업(영국내 노동력 부족을 보완하는 자) *이민자문위원회(MAC)에서 정량적(12개 노동시장지표를 통한 리스트)·정성적(사업주·노동조합 등 이해관계자 협의를 통한 결정) 방법으로 결정	• 기술인력(Tier 2): 연간 도입규모 제한(20,700명) • 고용주가 충분히 내국인 구인노력(28일)을 했음을 보고		최대6년

144

국가	해당 비자 및 적용 대상	도입업종 및 직종	내국인 고용보호 조치 등	도입절차	고용기간
호주	• 전문기술직 한시적 취업비자 (subclass 457비자) • 계절근로자 (sub class 416비자)	• 연합후원직업리스트(CSOL)에 있는 직업 • 농업	• 영주 또는 한시적 기술이민자로 들어올 수 있는 직종에 Ceiling을 두어 해당직종에 들어올 수 있는 이민자 규모 제한 • 고용주가 내국인 고용노력과 인력부족을 증명하는 노동시장 테스트 (4~8주간 4군데 이상 채용공고), • 외국인에게 내국인과 동일한 임금을 포함한 고용조건과 고용기간 제공 서약 의무		최대4년
캐나다	• TFWP (Temporary Foreign Worker Program) 비자	• TFWP (Temporary Foreign Worker Program)의 저임금 일자리	• 사업장당 전체 저임금 일자리 인력 중 한시적 외국인력이 10% 넘지 않도록 제한 • 실업률이 높은 지역에서는 저숙련 및 단순노무일자리에 대한 외국인채용 금지 • 고용주는 정부로부터 외국인 채용이 국내 노동시장에 부정적인 영향을 미치지 않는다는 노동시장평가(LMIA)를 받아야 함 • LMIA 받기 위해 외국인 고용에 앞서 내국인 구인광고(4주)에 지원한 내국인 수, 고용주가 면접한 내국인 수, 면접한 내국인을 채용하지 않은 이유 등 정보 제공 의무 • 한시적으로 외국인근로자를 고용한 일자리에 내국인을 해고할 수 없고, 근로시간을 줄일 수 없다는 내용의 서약 실시		
일본	• 기능(산업상의 특수 분야에 숙련된 기능을 가지고 있는 관련 업무 종사자)	• 정주자(일계인), 연수·기능실습생 모두 제한 없으나 대부분 생산직에 종사	• 일본인 2·3세(일계인)에게만 정주자 체류자격 부여, 취업활동 제한 없음 • 개발도상국에 기술이전을 위해 연수·기능실습제도운영 • 기능실습생의 경우 일본인과 동등한 보수 지급	• 일계인은 남미출장소와 일본 내 공공직업안정소가 협력하여 취업 알선 • 연수제도는 사업주 단체 등, 기능실습 제도는 JITCO가 수행	정주자1 ~3년(연장가능), 연수·기능실습 제도(1년·2년)

높아지는 상황이 됐다.

반면 우리나라는 내국인의 실업률이 높고 유휴노동력이 상당한데도 비전문 외국인력을 고용하고 있다. 더군다나 우리나라는 외국인력 고용을 내국인보다 낮은 임금 지급을 목적으로 이용되고 있어 더 심각하다. 자국민을 보호하기는커녕 저임금 외국인을 유입시켜 가뜩이나 어려운 서민과 건설노동자의 삶을 더욱 어렵게 만들고 있다. 때문에 일각에서는 정부의 비전문 외국인력 유입정책이 국민에 대한 배신행위라는 주장까지 나온다. 선진외국과 달리 우리나라만 시행하고 있는 재외동포의 국내유입 허용제도가 이러한 사태를 촉발시켰다. 외국인 노동자 유입에 대한 스크린 장치를 우리 스스로 해체시켜놓은 결과, 이제는 통제하기 힘든 상황까지 악화되고 말았다. 하지만 아무도 책임지지 않고 있다.

단순기능인력만 증가시키는 반서민 외국인력정책

《내일신문》은 "한국, 친이민국가 11위로 급부상"이라는 기사(2015. 6. 22.)를 실은 적이 있다. 한국이 그동안 이민자에 폐쇄적이었다가 이민통합정책(이하 MIPEX) 지수에서 38개국 중 11위까지 올라 이민자를 환대하는 친이민국가라는 내용이었다. MIPEX 지수는 이민자가 일자리를 쉽게 얻을 수 있는 노동시장 유연성, 이민자 배우자를 받아들이는 가족결합, 이민자에 대한 교육과 의료, 정치참여, 영주권과 귀화, 차별금지 등을 점수로 환산해 평가하고 있다. 우리나라가 MIPEX 지수 60점으로 11위가 될 수 있었던 이유는 MIPEX 지수 평가항목 중 이민자도 쉽게 일자리를 얻을 수 있는 노동시장 유연성에서 81점이나 얻었기 때문이었다. 그 뒤 MIPEX에 다른 나라의 평가가 추가되면서 순위가 다소 하락했지만, 비숙련 이민자에게 일자리를 쉽게 내어주어 MIPEX 평가점수가 높아진 사실이 씁쓸하기만 하다.

현대경제연구원이 발표한 「국내 외국인 체류자의 특징과 시사점」 보고서(2015. 6. 11.)는 2013년 말 기준 국내 체류 외국인이 157만 6천 명으로 2000년 49만 1천 명에 비해 약 3.2배 증가했다고 했다. 연평균 증가율이 9.4%p에 이른다는 것이다. 주요 내용은 이렇다.

① 중국인의 비중은 2013년 49.4%로 확대됐다. 이는 2007년 외국국적동포에게 취업을 허용하는 방문취업제 도입으로 한국계 중국인 체류자가 증가했기 때문인 반면, 미국, 일본 등 선진국 출신 체류외국인의 비중은 축소됐다.

② 단순기능인력이 급증했다. 단순기능인력은 고용허가제하의 비전문취업(E-9), 선원취업(E-10), 방문취업(H-2) 등의 자격으로 체류하는 외국인이다. 한국에 체류하는 단순기능인력은 2003년 15만 9,755명에서 2013년 49만 9,036명으로 연평균 12.1% 증가했다.

③ 반면 전문인력의 경우, 그동안 정부 차원의 노력에도 유입이 정체되고 있다. 외국인 유입정책이 내국인과 대체할 수 있는 단순기능인력 위주로 추진돼왔고, 내국인과 대체되기가 어려운 고급인력의 유입은 정체 수준이라는 설명이다.

우리나라에서 단순기능 외국인력의 증가는 서민층의 일자리만을 잠식한다. 서민경제에 직격탄이다. 건설산업에서는 내국인 건설노동자 임금하락과 일자리 감소, 그로 인한 건설노동자 이탈가속화로 우리나라 건설산업 노동기반을 급속히 붕괴시키게 한다. 이런 상황에서 청년층이 배가 불러서 3D 일자리 건설노동시장을 외면한다고 함부로 말을 내뱉는 관료와 정치인의 생각 없는 발언에, 젊은이는 더욱 등을 돌릴 수밖에 없다. 오히려 서민들은 무능한 관료와 정치인을 대체하는 전문 고급인력을 비싼 값을 주더라도 스카우트하는 것이 훨씬 낫다고 생각할 것이다.

정부의 직무유기, 외국인 취업실태조사 안 한다

그렇다면 우리 정부는 공공공사 현장만이라도 외국인 취업 현황을 조사·관리하고 있을까? 먼저 공기업의 실태를 알아봤다. 한국도로공사, 한국철도시설공단, LH공사 등 대형 공기업은 외국인 노동자 취업실태를 관리하고 있었다. 한국도로공사는 홈페이지를 통해 외국인 노동자를 국적별로 자세하게 공개하고 있어 공개 정도가 가장 양호했다. 한국철도시설공단과 LH공사는 상시 공개를 하지는 않지만, 정보공개 청구에 대해 사업단별 외국인 근로자 현황을 나름 상세하게 공개했다. 그러나 서울시 산하 공기업인 SH 서울주택도시공사는 외국인 노동자 실태조사를 하지 않았고 할 이유도 없다면서 정보공개 요청에 대해 공개할 정보가 없다고 했다.

공기업은 그렇다 치더라도 우리나라 건설정책을 총괄하는 국토교통부 소속기관 관할 건설현장은 외국인 노동자에 대하여 제대로 관리하고 있을까? 정부가 솔선수범해야 할 사안임에도 현실은 반대다. 5개 지방국토관리청(서울, 부산, 대전, 익산, 원주)은 국토교통부 소속기관임에도 불구하고 내국인 건설노동자의 일자리를 대체하고 있는 외국인 노동자 현황을 전혀 파악하고 있지 않았다. 정부에서 외국인 노동자를 관리할 생각도 않는데, 건설노동정책이 제대로 강구될 리 없다.

이 시점에 하나의 질문이 떠오른다. 세금으로 진행되는 공공공사 현장에 외국인 노동자를 고용할 수 있도록 허용하는 것이 과연 타당한 것일까라는 질문이다. 정부는 수시로 건설공사의 품질을 거론하고 있는데, 우리 국민 다수가 사용할 사회기반시설물 품질을 몇 년 후 귀국할 외국인 노동자에게 맡길 수는 없지 않겠는가. 고용허가제와 방문취업제를 통해 일시적으로 국내 현장에서 일하고 있는 외국인 노동자가 스스로 혼을 다해 책임지고 일할 것이라고 장담할 수 없기 때문이기도 하다. 불법체류자는 더 말할 필요가 없을 것이다. 전술한 고용창출효과의 허울에서 언급된 파키스탄 도로공사 현장 사례가 다시 생각난다. 왜 파키스탄 정부는 외국인 비숙련 노동자를 고용하지 못하도록 계약조건으로 명시했는지를 우리 정부는 재삼 심각하게 되돌아봐야 하지 않을까. 그것이 정부의 존재이유이기 때문이다.

공공공사 현장은 내국인 노동자에게 일자리를 줘야

내국인의 노동력이 상당히 존재하고 있음에도 불구하고 정부가 나서서 자국민 일자리를 저가의 외국인 노동자로 대체하는 나라는 없다. 우리나라 또한 외국인력을 무한정 허용하고 있지는 않다. 하지만 숫자상으로 제한하고 있을 뿐, 부실한 감시와 관리를 틈타 통제 불가능할 정도로 불법체류자가 넘쳐난다. 불법체류자로 인한 불법

취업 규모가 어느 정도인지 파악하려는 노력도 없다. 정부의 책임이 크다. 급기야 여당 대표라는 사람이 외국인 노동자 유입을 대책으로 거론하는 기막힌 상황까지 있었다. 취업등록제도(H-2)나 고용허가제(E-9)를 통해 합법적으로 고용되는 것을 문제 삼고자 하는 것은 아니다. 적어도 세금으로 이루어지는 공공건설 공사현장에 대해서는 특별한 이유가 아니라면 외국인 노동자 고용을 엄격히 제한해야 한다. 현행 역시 발전소·제철소·석유화학 건설현장의 건설업체 중 건설면허가 산업환경설비인 경우에는 외국인 노동자의 고용을 금지하고 있으므로, 공공사업장에 대한 채용을 제한하는 것은 그리 어렵지 않을 것이다. 세금으로 이루어지는 사업에서조차 자국민 일자리를 빼앗아 외국인에게 일자리를 제공하는 것은 잘못이다. 이는 자국민 일자리를 최우선적으로 보호해야 하는 국가의 직무를 유기하는 것이나 마찬가지다.

정부가 당장 외국인 노동자 유입을 중단시킬 수 없다면, 로드맵(Road Map)을 작성하여 단계적으로라도 인원수를 줄여야 한다. 불법체류자들의 불법취업을 차단하는 것은 더욱 당연하다. 거듭 말하지만 비숙련 외국인에 대한 유입통제는, 합법적이든 불법적이든 이미 국내에 체류하고 있는 외국인 노동자 인권처우와는 전혀 별개의 사안이다. 정상적인 국가라면 자국민의 일자리를 최우선적으로 강구해야 할 의무가 있다. 이는 세계 어느 국가나 공통적인 책무다.

아울러 정부는 건설노동자를 위한 적정임금을 무조건 지키도록 법으로 강제해야 한다. 적정임금이 법제화되면 설령 외국인 노동자가 국내 건설현장에 고용되더라도, 우리나라 건설노동자의 임금이 깎이지 않게 할 수 있다. 자본주의 시장경제를 신봉하는 미국이 건설업계의 반대에도 불구하고 왜 건설노동시장에 직종별 평균임금을 임금지급 가이드라인으로 강제하고 있는지 곰곰이 생각해봐야 한다.

건설산업 바로 세우기

04
건설산업 바로 세우기

매년 6월 18일은 우리나라 건설의 날이다. 2007년 건설 60년을 기념해 당시 노무현 대통령을 비롯한 인사들이 축사를 하는 가운데 건설의 날 행사가 진행됐다. 약 185만 명 건설인 중 거의 대다수가 건설노동자다. 하지만 그해 38명의 훈포장 수상자 중 건설기능인력은 단 한 명, 그나마 그 한 사람도 원도급업체가 아니라 하도급업체에 소속된 건설노동자였다.

건설노동자를 위한 기념행사는 2010년에서야 '건설기능인의 날'(매년 11월 22일)을 정하여 시작되었다. 유일한 건설노동자 단체인 건설노조는 '건설기능인의 날' 행사 취지에 공감하면서도, 훈포장 대상자 추천은 하지 않는다고 한다. 건설노동자에 대한 경력관리 시스템이 없는 상황이다 보니, 업체에 소속된 소수 기능인력들 위주의 보여주기식 행사로 전락되지 않을까라는 우려가 나온다.

1. 비정상 대한민국 건설산업

피폐해진 건설산업 토대, 건설노동자

건설사업은 기획·구상단계부터 시작하여 설계, 시공 및 유지관리를 거쳐 폐기처분의 과정을 거친다. 그중 가장 많은 이해당사자가 참여하는 단계는 단연 시공단계이다. 단위시간당 비용이 가장 많이 투입되는 단계이기도 하다. 2014년도 국내건설업 기성액은 195조원으로 GDP 1,485조원의 약 13%에 해당한다. 단일 산업으로서 국내 경제에 차지하는 비중이 이렇게 높은 분야가 건설업 이외에는 아마 없을 것이다. 통계청의 경제활동인구조사에 따르면, 2014년 건설업 취업자 수는 179.6만 명으로 전체 경제활동인구의 7.0%를 차지하고 있다. 건설투자에 비해 건설업 취업자 수 비율은 월등히 낮다.

약 130만 명의 건설노동자는 건설업 취업자 수에서 대다수를 차지하는 집단이지만 이들은 건설업 정책대상의 중심에 있지 않다. 넥타이 관료부대와 정치인들이 맨 밑바닥 건설노동자의 고뇌를 제대로 알 수 없고, 알려고 노력하지도 않기 때문이다. 그 결과 건설업은 전체산업 중 최악의 재해율, 일당방식의 낮은 수입, 그마저도 상시 체불, 청년층의 진입 기피, 일본보다 심각한 고령화 등으로 일자리 수준이 가장 낮다. 이런 질 낮은 일자리마저도 불법체류 외국인 노동자들에게 잠식당하고 있다. 1인 차주 장비운전원은 실질적으로 임금을 목적으로 노동을 하고 있으나 개인사업주라는 형식적 법테두리로 산재보험 대상에서 제외되고 있다.

구체적인 수치는 이렇다. 건설업 사망자 수 비율은 전체 산업 중

26.3%로서 취업자 수 대비 3.8배, 대표적인 3D 업종임에도 월평균 수입 조사 결과는 1,809천 원(건설근로자공제회) 내지 2,417천 원(건설노조)에 불과하고, 건설노동자의 96%가 일당방식으로 임금을 지급받으며, 취업자 수 대비 체불근로자 수는 3.5배, 체불금액은 3.3배다. 상황이 이렇다 보니 젊은이들의 건설업 진입이 줄어드는 것은 당연하고, 40대 이상 건설기능인력의 구성비는 81.8%로서 전체 취업자 구성비 62.6%보다 약 20%p가량 높다. 이러한 상황이라면 건설업의 기초에 해당되는 건설노동자에 대해 특단의 종합적 대책이 마련되어야 한다. 그러나 현실은 그렇게 돌아가지 않는다. 건설업의 2015년 불법취업자수가 24.2만 명이라는 보고서에 의하면, 불법체류 외국인 노동자들이 질 낮은 일자리마저 잠식하는 것을 정부가 오히려 방치하고 있는 듯하다.

반면 정부와 건설업계는 건설업의 수익성 감소 문제를 쟁점화하여 적정공사비 확보를 위한 각종 대책들을 만들어냈다. 나아가 정부정책들은 원도급업체에 대한 가격경쟁을 원천적으로 배제한다. 하층부에 대한 무대책과는 완전 딴판이다. 이러한 정책생산의 배경에는 원도급업체에게 적정공사비가 보장되어야 적정한 임금이 지급될 것이라는 인식이 바탕에 깔려 있는 듯 보인다. 엄격한 가격경쟁을 통하여 역량을 강화시켜야 할 원도급업체에게는 경쟁을 배제시키고, 임금을 목적으로 노동력을 제공하는 개별 노동자들은 임금과 일자리 경쟁에 내몰리고 있다. 여기에다 치열한 가격경쟁을 거쳐 하도급공사를 수주한 하도급업체들은 노무비 절감을 위하여 저가의 외국인 노동자를 선호하게 되었다. 2007년 3월부터 시행된 외국동포 취업등록제는 불법취업자를 양산하고 있다. 대체되지 말아야 할 비숙련 노동자를 외국의 저가 노동력으로 대체했다.

건설노동자는 건설산업의 토대다. 현재 우리나라의 건설노동 실태를 보면 건설산업 토대가 와해되고 있는 상황이 아닐 수 없다. 아무도 부정할 수 없는 사실이다. 임금하락에 대한 안전장치 부재와 고착화된 원·하도급 생산구조로는 와해되고 있는 건설산업 토대를 재건할 수 없다.

각종 법령과 규제로 보호받는 상층부

시공단계에 참여하는 집단은 크게 세 그룹으로 구분할 수 있다. 상층부에는 수퍼갑(甲)으로 불리는 발주기관과 원도급업계가 있고, 중층부에는 하도급업계가 있으며, 가장 밑바닥 하층부에는 건설노동자와 장비운전원이 있다([그림 4-1]).

건설산업의 상층부는 발주기관과 영리법인인 원도급업체가 해당된다. 공적영역에 해당하는 최상층부 공공발주기관은 논의대상에서 일단 제외하자. 상층부인 원도급업계는 영리법인임에도 불구하고 제반 관련 법령으로 경쟁이 배제됐다. 더군다나 국내건설시장에서 외국 업체의 국내 진입을 차단시켜 유수(有數) 외국 업체와의 경쟁까지도 막아주고 있다. 〈건설산업기본법〉은 등록기준과 영업범위를 강제하고 있어, 국내로 진출한 대형 외국기업마저도 극히 일부만이 민간시장과 민자사업으로 명맥을 유지할 뿐 모두 철수한 상태다. 민간주택시장에서는 선분양공급방식을 통해 비교적 손쉽게 대규모 주택사업을 추진할 수 있다. 공공건설시장은 일정한 발주량을

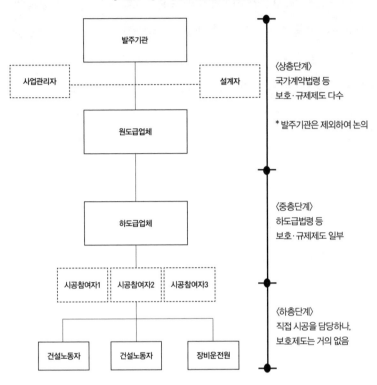

[그림 4-1] 우리나라 건설산업 중층구조

발주기관

사업관리자   설계자

원도급업체

하도급업체

시공참여자1 시공참여자2 시공참여자3

건설노동자   건설노동자   장비운전원

〈상층단계〉
국가계약법령 등
보호·규제제도 다수

* 발주기관은 제외하여 논의

〈중층단계〉
하도급법령 등
보호·규제제도 일부

〈하층단계〉
직접 시공을 담당하나,
보호제도는 거의 없음

유지하면서 가격경쟁은 거의 없다. 원도급업체는 건설노동자와 직접 근로계약을 체결하지 않기 때문에 노조나 장비업자와 마찰이 없을뿐더러, 안전사고가 발생해도 형사적 책임은 하도급업체에 비해 현저하게 낮아진다. 하도급방식을 통하여 자신들에게 발생하는 안전사고 등과 같이 첨예한 법적 문제를 하도급업체에게 상당 부분 떠넘길 수 있다.

상층부는 관련 법령에 따라 설립된 협회 등 각종 이익단체뿐만 아니라 자신들의 주장을 중점적으로 연구하는 연구단체를 설립·운영하고 있다. 협회나 연구단체에 소속된 이들은 산업종사자나 전문가라는 타이틀을 달고서 각종 제도수렴 과정에 단골로 참여하거나, 건설산업에 대한 관급 정책연구용역을 수행하면서 정부 정책에 가장 큰 영향을 준다. 여기에다 수많은 정치인과 정책 관료들은 유달리 원도급 건설업체의 어려움을 앞다퉈 우려해주고 있다. 제도산업의 특징이 매우 큰 건설산업에서 이보다 더 큰 우군은 없을 것이다.

상층부를 위한 제도 및 정책생산 순환구조가 공기처럼 자연스럽게 유지되고 있는 형국이다. 국회의 경우 항상 정쟁으로 치열하게 대치하고 있지만, 유독 건설과 관련해서는 여야를 떠나 동일한 목소리를 내고 있다. 정책 관료 또한 대다수 건설노동자보다는 영리법인인 건설업계의 손실을 걱정해주고 있으며, 그 실적 또한 만만찮다. 일례로 공공공사는 2016년부터 최저가낙찰제를 폐지시켰고, 선진국이 모두 사용하고 있는 실적공사비마저 무력화시키는 등 상층부의 이익에 조력했다. 반면 건설노동자의 척박한 삶을 걱정하여 이들을 위한 제도와 정책에 노력하는 관료와 정치인은 희귀하다.

제도와 정책에 민감한 건설산업에서 퇴직 관료의 몸값은 계속 높아진다. 김태원 의원(새누리당)의 보도자료에 따르면 퇴직자 314명 중 118명이 산하기관 등에 재취업한 것으로 나타났다(2013. 8. 19.). 하태경 의원(새누리당)의 보도자료에 따르면, 퇴직 관료 모셔오기 경쟁은 전문건설협회까지도 가세한 것으로 나타나고 있다(2015. 2. 11.). 이 모든 현상은 원도급업체의 경쟁력 때문이라기보다는 관련 법령으로 보호되거나 책임이 줄어들어서 나타나는 결과다.

대표적인 을(乙), 중층부 하도급업계

중층부에 해당하는 하도급업계는 건설산업에서 대표적으로 회자되는 '을'(乙)이다. 상층부 원도급업계와 달리 철저히 시장경제논리가 적용되고 있으며, 갖가지 불공정 및 부당한 거래행위가 관행화돼 있다. 상황이 열악한 까닭에 하도급업체에 대한 보호장치가 조금씩 늘어나기 시작했고, 박근혜 정부의 취임 초 경제민주화 화두와 접목되면서 정치권에서도 '을'을 보호하겠다는 취지로 집권 여당은 손톱밑가시뽑기위원회를, 야당(더민주당)은 을지로위원회를 각각 운영하고 있다.

중층부를 약자로 보아 이들을 보호하는 역할을 〈하도급거래 공정화에 관한 법률〉(이하 '하도급법')이 담당하고 있으며, 소관부처는 공정거래위원회다. 〈하도급법〉은 서면발급 의무, 부당특약금지, 대금미지급 시 지연이자 20% 부과(2015. 7. 1.부터는 연 15.5%로 낮춤) 등의 보호규정을 마련해놓고서, 원도급업체가 이를 위반했을 때는 시정명령, 과징금 등의 행정처분과 간헐적이긴 하나 형사고발이 이루어지기도 한다. 관련 법령과 소관부처가 존재한다 하여 불공정행위가 근절되는 것은 아니지만, 하도급업체가 도움을 요청할 수 있는 장치가 제도적으로 마련돼 있는 것은 중요한 의미가 있다. 하도급법령 위반 시 원도급업체는 공공공사 입찰에 불이익을 받을 수 있으므로, 하도급법령은 원도급업체에 대해 사후처벌뿐만 아니라 사전예방의 효과도 작지 않다. 한국건설산업연구원은 「건설공사 하도급 거래에서의 우월적 지위에 관한 고찰」(2014. 11.)이라는 연구보고서를 통하여 원도급자에게 우월적 지위가 존재하지 않는다면서 건설업을 하도급법 적용대상에서 제외해야 한다는 독자적 주장을 펼치고 있다. 하지만 이는 역설적으로 현행 하도급법이 상당한 역할을 담당하고 있음을 반증하는 것이다. 한편 〈하도급법〉이 군사정부로 일컫는 제5공화국 때 제정되었다는 것은 되짚어볼 만하다. 제5공화국 당시에 제정되지 않았다면, 아마 현재도 〈하도급법〉이라는 법령이 존재하지 않았을 거라는 생각이 강하게 들기 때문이다. 공정위 또한 마찬가지로 제5공화국 때 만들어졌다. 참 아이러니하다.

개별 하도급업체는 원도급자에 비해 열위에 있을 수밖에 없다. 하지만 개별회사의 힘은 적으나, 합계 약 7만 개(전문건설업체 약 3만 6천 개, 설비·유지관리업체 약 1만 개, 전기업체 약 1만 3천 개, 정보통신·소방업체 약 1만 1천 개 등)의 수적 우위를 이용해 지역구 국회의원과 지자체 단체장에 대한 강한 압력단체로 자리 잡고 있다. 그런 까닭에 정치인들은 건설하도급에 대한 보호대책을 예전보다 더 빈번하게 강조하고 있으며, 각 지자체 또한 불법하도급신고센터 및 불공정하도급을 뿌리 뽑겠다는 강한 행정의지를 표방하고 있다.

가장 밑바닥 국민, 건설노동자

건설산업의 가장 밑바닥 하층부에는 건설노동자와 1인 차주 장비운전원이 있다. 건설산업의 피라미드형 구조에서 가장 아래에 위치하고 있으며, 건설 관련 종사자 수의 절대다수를 차지한다. 건설현장의 최전선에서 품질을 직접 담당하는 당사자이자 안전사고를 당하는 피해 당사자이기도 하다. 이들은 중층부 하도급업계와 마찬가지로 치열하게 삶을 유지하고 있지만, 이들을 조직적으로 전담해주는 중앙부처가 없거나 존재하더라도 적극적으로 정책을 펼 제도가 없다. 정치인과 관료가 말로는 건설노동자를 위한다고 하지만, 실상은 중상층부의 이득 주장에 건설노동자를 동원할 뿐이다.

건설노동자를 위한 조직이 거의 없는 까닭에 의견을 전달할 수단이 없고, 그렇다 보니 종사자 수가 가장 많음에도 불구하고 정치권이나 정책 관료의 정책대상에서 소외되기 십상이다. 일례로 하도급대금 미지급 시에는 15.5%의 지연이자가 부과되지만, 노임이나 장비대가 체불되어도 지연이자가 부과되지 않는다. 원·하도급업체에 대해서는 적정공사비 확보방안 논의가 오래됐지만, 건설노동자에 대한 적정임금 확보방안은 제대로 논의되지 않았다. 하층부 건설노동자를 위한 적정임금 법제화를 요구해도 정책 관료와 정치인은 모두 꿀 먹은 벙어리다. 노임체불을 방지하기 위한 대책마저도 실효적 제도 도입이 좌절되거나 무력화되고 있다. 하도급대금 및 장비대금 지급보증제도가 이미 법제화됐는데도, 가장 기초적인 노임에 대한 지급보증제 도입은 이뤄지지 않았다. 정부(노동부)가 건설근로자에 대한 임금지급보증제도 조항을 신설한 〈건설근로자법〉 개정안(2013. 10. 29.)이 국회 환경노동위원회의 반대로 좌절된 사례를 보면 우리나라 입법부 수준이 가늠된다.

우리나라 건설산업은 상층부에게는 후하고 하층부에게는 야박하다(〈표 4–1〉). '상후하박' 이 한마디가 모든 걸 말해주고 있다. 우리나라 건설산업 관련 논의는 중·상층부 위주로 진행되고 있다. 치열한 경쟁을 통해 국제경쟁력을 확보해야 할 영리법인은 경쟁에서 배제하고, 반대로 보호해줘야 할 건설노동자는 저가 외국인노동자와 노임경쟁으로 몰아넣고 일자리마저 감소시키고 있다. 잘못되어도 대단히 잘못됐다. 때문에 대다수를 차지하는 하층부의 실상이 제대로 알려지지 않는다. 간혹 하층부의 열악한 실태가 인용되더라도, 종국에는 중·상층부의 이득을 위한 들러리일 뿐이다. 정상적인 국가라면 절대다수를 차지하는 하층부 집단을 중심으로 하는 정책과 제도가 마련돼야 한다. 실상은 정반대다. 우리나라 건설산업이 비정상적으로만 논의를 진행시켜온 결과다.

〈표 4-1〉 공공공사 참여자별 경쟁 여부

발주방식	상층부(원도급)	중층부(하도급)	하층부(노동자)
적격심사	경쟁 없음	치열한 가격경쟁 (항상 최저가제)	치열한 노임경쟁 (저가 외국인 노동자와 노임경쟁)
턴키/대안	경쟁 없음(담합)		
기술제안	경쟁 거의 없음		
종합심사제	경쟁 낮음		
종사자 수	약 15만 명	약 35만 명	최소 130만 명

건설산업 정상화의 투 트랙, 직접시공제와 적정임금 법제화

우리나라 건설산업은 결코 정상이 아니다. 비정상이다. 비정상을 정상화시키는 방법은 과연 없는 것일까. 정상화를 위해서는 그리 특별한 방안이 요구되지 않는다. 선진외국에서 당연하게 여기는 것을 우리나라 또한 도입하면 될 일이다. 투 트랙(Two-Track)방식이 요구된다. 먼저 하도급방식으로만 고착화된 생산구조를 원도급업체에 의한 직접시공제로 전환시켜야 한다. 수주한 공사를 원도급업체가 일정 정도 이상을 직접 시공하도록 하는 것은 지극히 당연하다. 모두 하도급에 의존하는 건설산업은 정상적이지 않을 뿐만 아니라, 국제경쟁력을 확보하기에도 더욱 어렵다. 때문에 지난 수십 년 동안 하도급에만 의존하여 자체 핵심역량을 키우지 못한 상태에서 해외 공사로 진출하다 보니 대규모 손실은 어쩌면 당연하다. 그 사이 가격경쟁에 노출된 하도급업체는 원가절감 방안으로 저가의 외국인 노동자를 고용하면서, 우리나라 건설노동자의 고령화는 가히 최악의 수준이 됐다. 우리나라 건설산업이 비정상적으로 흘러갔기 때문이다. 현행 하도급에 의한 생산방식은 각종 건설산업 문제를 확대, 재생산하고 있다. 건설산업은 점점 더 복잡하게 얽히면서 기존 시스템에서 해답을 찾는 것이 불가능해졌다. 직접시공제는 지금까지의 비정상적 관행을 타파할 수 있는 최고이자 최선의 방안이 아닐 수 없다. 다단계 착취구조를 없애고, 건설업체로 하여금 시공회사로서 지위를 회복하게 하는 유일한 방법이다. 때문에 선진국에서는 직접시공을 당연시하고 있다. 당연하다 보니, 이들 선진국에게 직접시공을 해야 하는 이유를 물으면 오히려 이상하게 생각한다.

다른 하나는 건설노동자에 대한 임금지급 가이드라인, 즉 적정임금을 법제화하는 것이다. 원도급업체에 의한 직접시공의무제가 도입되더라도 나머지 전문공종에 대해서는 하도급이 불가피하다. 하도급과정에서 임금삭감을 차단하려면 적정임금 법제화가 불가피하다. 동일노동 동일임금의 원칙이 건설산업에도 적용되어 건설노동자의 입장에서도 원도급·하도급에 관계없이 자신의 노동대가를 동등하게 인정받도록 해야 한다.

직접시공제와 적정임금제가 도입되면 지난 십 수년 동안 논쟁이 되어온 공사비 거품, 발주방식 등에 대한 논란이 대폭 사라질 것으로 기대된다. 담합으로 홍역을 치른 턴키 공사의 경우라도 공사비의 상당 부분이 건설노동자 노임으로 지급될 것이고, 저가낙찰을 걱정하던 최저가낙찰제(지금은 종합심사제로 전환되어 폐지)의 경우에도 하도급을 통한 손실전가나 노임착취가 차단되므로 덤핑 입찰 수주 논란 또한 없어질 것이다. 직접시공제와 적정임금제의 중요한 부수적 효과는 건설시장 개방으로 외국업체가 낙찰받았을 때 더욱 발휘된다. 해외의 어떤 건설업체가 국내공사를 수주하더라도 일자리는 내국인 건설노동자에게 주어질 것이고, 하도급 착취를 통한 이익추구가 어렵기 때문에 해외업체의 과도한 이익 또한 발생되지 않는다. 오히려 가격경쟁 원칙을 적용하여 예산낭비 방지 효과를 극대화할 수 있다. 물론 엄격한 품질관리는 기본이다. 하지만 지금은 〈건설산업기본법〉을 비롯한 법령규정의 진입장벽에 따라 해외업체가 아무리 많은 실적과 경험을 보유했더라도 국내 공공공사를 수주할 수 없다. 법률로서 외국업체의 국내 수주가능성을 차단해놓았기 때문이다.

건설공사의 현장관리 대상은 안전, 품질, 시간, 비용 이렇게 네 가지로 보고 있다. 직접시공제 및 적정임금제 도입 시 어떤 효과가 생기는지를 알아보자. 직접시공제만을 도입할 경우에는 안전, 품질, 시간 요인에 대한 효과가 크게 나타나고, 비용 측면에서는 변동이 없다. 달리 문제가 되는 사안은 없다. 다만 아무나 건설업에 진출하다가는 낭패를 볼 수 있을 뿐이다. 실력과 역량을 겸비한 업체만이 생존할 수 있다. 선진국에서 직접시공을 당연히 여기는 이유가 여기에 있다. 적정임금제는 안전과 품질에서 큰 효과가 예상되나, 비용 측면에서는 다소 증가가 예상된다. 하지만 적정임금제 때문에 비용이 증가하더라도 해당 비용은 건설노동자가 실생활을 위하여 대부분 지출할 것이므로, 국민경제에 도움이 된다. 대공황 직후 법제화된 미국의 적정임금제(Prevailing Wage)는, 소비주체인 건설노동자에게 적정한 임금을 보장하여 그들을 통해 경제를 활성화시키기 위한 뉴딜정책이다. 우리나라의 이상한 전문가들이 말하는 것처럼 뉴딜정책은 토건정책이 아니다.

〈표 4-2〉 건설공사 직접시공제 및 적정임금제 효과

관리 대상	직접시공제		적정임금제	
	효과	이유	효과	이유
안전	향상	• 검증을 통해 우수근로자 채용 • 산재은폐 원천불가로 안전관리 철저 시행	향상	• 노동자의 자발적 안전작업 • 안전사고가 더 손해라는 인식고취로 위험작업 기피
품질	향상	• 건설업체는 우수 기능인력 우선 채용 및 확보 노력 • 높은 소속감으로 성실시공 유인	향상	• 기능이 우수한 내국인 노동자 우선 고용 • 더 나은 고용평가를 받기 위해 성실 시공
공사 기간	향상	• 직접적 손실 당사자가 되므로 공기지연 최소화 노력 • 공정관리기법 향상	변동 없음	• 공사기간과 무관하나, 총비용 절감을 위해 공기지연 최소화 • 생산성향상으로 공기단축 가능
공사비	변동 없음	• 원도급 계약금액 변동 없음 • 관리능력 향상시켜 원가절감 가능성 유도	공사비 약 3% 증가	• 시중노임단가를 하한기준으로 할 때, 약 40% 노무비 중 50% 정도가 평균 약 15%p 인상

2. 직접시공제로 생산구조 정상화

이상한 대한민국의 건설산업 생산구조

우리나라 건설산업 생산구조는 이상하다. 한 개 업체에만 몰아서 하도급을 하면 불법이지만, 두 개 이상 업체에 나눠 하도급하면 합법이다. 원도급업체가 수주한 공사를 한 개 업체에 몰아서 하도급하는 것을 '일괄하도급'이라 한다. 일괄하도급 금지규정 위반 시 영업정지나 과징금 등의 행정처분이 부과된다. 두 개 이상의 하도급업체를 관리할 수 있는 관리직원 몇 명만 현장에 상주시키면 문제를 삼지 않겠다는 구조다. 결국 원도급업체의 주된 공사관리는 하도급업체 관리일 뿐이므로, 하도급업체를 얼마나 잘 관리하느냐가 능력의 차이가 된다. 원도급업체는 치열한 가격경쟁을 통해 하도급업체를 선정한다. 이러한 행태는 원도급업체의 규모가 크든 작든 관계없이 비슷하게 이루어진다. 하도급방식에만 얽매이다 보니 우리나라 건설산업은 항상 하도급 문제로 바람 잘 날 없다. 특정 하도급자는 원도급업체와 끈끈한 관계를 맺은 후 비자금 조성의 행동대원으로 나서기도 한다. 원도급업체와의 안정적이고 확실한 거래관계 유지를 위해 불법인 줄 뻔히 알면서도 생존을 위해서는 어쩔 수 없다고 말한다. 하도급업체의 생사여탈권을 원도급업체가 갖고 있다 보니 전혀 이해가 안 되는 것도 아니다.

이런 문제가 아니더라도 우리나라 건설하도급은 많은 문제가 내재한다. 그 많은 전문가가 온갖 방안을 쏟아냈지만 하도급 문제는 오히려 더 복잡하게 증폭되고 있다. 고질적인 하도급 문제를 해결할 방안은 정말로 없을까. 역설적이게도 하도급 문제를 해결할 수 있는 유일한 정답은 하도급을 하지 못하도록 하는 것이다. 원도급업체가 수주한 공사의 상당 부분을 직접시공하는 것, 그게 정답이다.

나눠서 모두 하도급 의존, 미국에서는 브로커

좀 오래된 얘기다. 한국건설기술연구원은 미국의 한 중규모 건설회사(Frank Mercede & Sons Inc.) 수석부사장 시드니 M. 리비(Sydeny M. Levy)의 자문 내용을 정리한 「적산제도 개선방안 연구 미국 전문가 활용」 보고서를 내놓았다(1993. 12. 22.). 미국 전문가 자문 내용에 따르면 미국은 공사를 수행할 직접노무인력을 보유하지 않는 형태를 브로커로 분류하고 있다. 해당 부분을 인용하면 아래와 같다. 국내 원도급 건설업체는 자체적으로 공사를 수행할 건설기계와 기능인력을 보유하고 있지 않으므로, 미국식으로 본다면 '브로커'에 해당된다. 점잖게 말해도 우리나라 원도급 건설업체들은 시공회사가 아닌 '관리회사'일 따름이다. 참고로 'Frank Mercede & Sons, Inc.'는 미국 내 중간규모 종합건설회사로, 자체 장비를 많이 보유하고 있어 토공사 및 기초공사에 참여가 많은 편으로 소개되었다.

미국에서의 종합건설업체는 보통 브로커(Brokers)와 종합업체(Full Service Contractors)의 두 가지 형태로 구분된다.
브로커로 구분되는 업체는 모든 공사를 다양한 전문공종업체에게 하도급하는 형태를 말한다. 이러한 형태의 업체는 그들 자신의 감독자(Superintendent)를 현장에 상주시키며 현장 또는 본사 사무실에 근무할 프로젝트 매니저(Project Manager)를 고용하게 될 뿐 자체적으로 공사를 수행할 노무인력을 보유하고 있지 않은 형태다.

종합업체는 1년을 주기로 직접 공사를 수행하여 인건비를 지불하는 다양한 공종의 인력을 고용하게 되는데 가장 보편적인 인력은 콘크리트 공사와 목공을 위한 작업원이 된다. 이러한 종합업체는 또한 스스로 굴착장비, 트럭 등을 보유해 작업도 수행하고 있으며 또한 다양한 형태의 굴착 및 토공을 그들 자신의 인력으로 수행하게 된다. 이러한 형태의 종합업체도 역사적으로 보면 철근 가공·조립 및 설치, 전기 및 기계배관 작업에 대해서는 보통 하도를 주는 것으로 알려졌다. 종합업체는 조합, 비조합, 하도 형태에 따라 노동자의 구분조항에 따라 구분된다.

서울시는 전국 최초로 하도급 부조리 신고센터를 운영하여 3년간의 운영실적(〈표 4-3〉)을 발표했다(2014. 3. 5.). 운영실적 건수 중 임금체불이 30%, 자재 및 장비대금 체불이 46%로서 합계 76%가 체불 관련이었다. 서울시의 운영실적 자료를 접한 원도급 단체의 한 임원은 "하도급업체의 체불 건수가 76%로 대부분을 차지하고 있다는 것이 밝혀졌다. 반면 하도급대금 체불은 17%밖에 해당되지 않는다."라면서 원도급업체만을 부도덕한 집단으로 몰고 가는 게 문제라는

〈표 4-3〉 서울시 하도급 부조리신고센터 운영실적

구분	신고건수 및 금액		신고유형별			
			자재·장비	임금	하도급대금	기타
계	883 (100%)	130억 2,500만 원	408 (46%)	267 (30%)	147 (17%)	61 (7%)
2011년	309	30억 9,600만 원	143	54	89	23
2012년	326	40억 1,300만 원	142	125	31	28
2013년	248	59억 1,600만 원	123	88	27	10

하소연으로 분위기를 반전시키려고 한 적이 있었다.

사실관계를 근거로 한 것이므로 일견 원도급 단체 임원의 주장이 그럴듯하게 느껴지는 것은 사실이다. 하지만 이는 우리나라의 고착화된, 하도급에 의존하는 생산방식을 의도적으로 외면한 지극히 일차원적 주장의 오류다. 건설노동자와 건설장비를 직접 투입하는 하도급업체에 의하여 체불 문제가 생길 수밖에 없는 구조를 간과한 것이다. 때문에 대형 건설사가 수행하는 공사현장일지라도 하도급업체에 의한 체불은 불가피할 수밖에 없다. 만약의 경우를 가정해보자. 재무구조가 상대적으로 양호한 원도급업체가 직접시공을 담당했다면 노임이나 장비비 체불이 발생하지 않았을 것이다. 체불 발생의 근본원인은 하도급을 통해 모든 공사를 수행할 수 있도록 방치해놓은 현행의 비정상적인 제도에 있다.

시공참여자 제도 폐지 이후

하도급에 의한 생산 시스템을 넘어 재하도급에 대해서까지 합법을 허용한 적이 있었다. 일명 '십장'(什長, Foreman)이나 '오야지'를 시공참여 주체로 인정한 시공참여자 제도가 그것이다. 정부는 재하도급을 양성화하고자 전격적으로 시공참여자 제도를 도입했다(1999. 4. 15.). 〈건설산업기본법〉상에는 단순히 정의 개념으로 시공참여자를 신설했고, 동법 시행규칙 제1조의2(시공참여자의 범위)를 신설해 시공참여자의 내용을 구체화했다(1999. 9. 1.). 〈건설산업기본법〉의 법령 개정이 어떠한 경위를 거쳐 시공참여자 제도가 도입되었는지는 관련 자료를 찾지 못했다. 다만 여러 관련 자료로 추정해보면 이렇다. 실제 작업은 건설업 등록을 하지 않은 일명 십장에 의해서 이루어지고 있으므로, 이들을 합법적 테두리로 끌어내어 권리주장을 가능하게 함과 동시에 부실방지 등에 대한 책임을 부여하겠다는 취지에서 비롯된 것으로 이해된다. 지극히 탁상공론식 결정이 아닐 수 없다. 하도급 문제조차도 제대로 해결하지 못하는 우리나라 건설산업이 재하도급을 합법화시킨 것 자체가 잘못됐다. 재하도급을 양성화한 시공참여자 제도 도입 이후, 재하도급자는 다단계 불법하도급을 더욱 양산했고, 건설노동자 임금 및 장비대금 체불 등 수많은 사회적 갈등을 남긴 끝에 결국 폐지됐다(2007. 5. 17.). 시공참여자 제도가 도입된 지 8년 만의 일이다. 시공참여자 제도를 폐지에 이르게 한 결정적인 사건은 2006년 7월경에 일어난 포항 포스코 본사 점거 사건이었다. 재하도급을 허용한 결과 그 피해가 발주자에게로 번져버린 것이었다.

● **2006년 포스코 본사 점거 사건 일지**

포항 건설노조는 2006년 6월 30일 파업을 시작, 전문건설협회 등과 단체협상을 벌여왔다. 포스코가 대체 인력을 투입하자 이에 항의하던 중 7월 13일 오후 2시 20분 포스코 본사 건물을 점거했다.

포항 건설노조 파업

4월: 포항 건설노조 사측격인 전문건설협회 등을 상대로 임금 15% 인상, 주 5일 근무(유급 보장), 외국인 근로자 고용 금지, 재하도급 금지 등을 요구
6월 30일: 15차례에 걸쳐 단체 협상을 시도했으나 교섭 결렬. 노조 측이 쟁의 조정신청을 거쳐 파업 시작

7월 01일: 포스코 출근 저지 집회

7월 11일: 포스코, 포항 건설노조에 대해 업무방해 혐의로 경찰에 고발. 공권력 투입 요구

7월 12일: 포항시청 앞 시위 등 포항 건설노조의 대외 투쟁 강화

7월 13일: 포스코의 대체 인력 투입에 항의하기 위해 건설노조원 3,500여 명이 정문에서 항의 농성

포스코 본사 점거

7월 13일 : 오후 2시 20분 건설노조원 1,000여 명이 본사 건물에 진입. 본관 1층 로비와 2층을 점거. 포스코 직원 600여 명 본사 건물에 억류. 오후 11시 30분 포스코 직원 대부분 귀가

7월 14일 : 포스코의 업무가 사실상 전부 마비. 경찰 50개 중대 5,000여 명 투입 오전 민노총 등 4개 단체는 사태 해결을 위해 포스코가 적극 협상에 나설 것을 요구

7월 15일 : 경찰과 노조원 대치

7월 16일 : 오후 2시 형산강 로터리에서 '노동탄압 규탄대회' 개최. 건설노조 조합원 하모씨(45) 중태를 비롯해 시위대 20여 명 부상. 경찰 71명 부상. 경찰, 농성장 음식물 반입 허용

7월 18일 : 법무부와 행정자치부, 노동부 등 관계장관 합동으로 담화문을 발표. 포스코 본사 전기 공급 중단

7월 19일 : 민주노총 영남본부 노동자 총대회 개최

7월 20일 : 포스코 본사 물 공급 중단. 오후 5시 30분 이택순 경찰청장 포항 방문. 오후 건설노조 이지경 위원장, 민노총의 대독 형식을 빌어 대시민 호소문을 발표

7월 21일 : 오전 4시 5분 경찰 체포조 진입. 이지경 노조위원장 등 120여 명 경찰 연행. 오전 5시 포스코 점거 종료

문제는 이처럼 큰 사회적 문제를 일으킨 경험을 겪고 나서도 우리나라 건설산업이 그다지 변화되지 않았다는 점이다. 지금 건설하도급 시장은 방패막이(시공참여자)가 사라지고 가격경쟁은 더욱 치열해지면서 체불의 주체가 하도급업체로 바뀌었을 뿐, 근본적인 해법이 제시되지 않고 있다. 우리나라 건설산업이 하도급 관리에만 치중되다 보니, 원도급업체 대부분은 하도급업체를 쥐어짜는 노력에 치중할 수밖에 없다. 원도급업체가 직접 작업팀과 장비를 보유하지 않기 때문에, 원도급 고유의 업무가 돼야 할 공정개선이나 원가절감 노력이 실제로는 하도급업체에게 떠넘겨버렸다. 그 때문인지 지금 대부분 현장을 가보면 원도급업체가 계약문서나 서류행위는 잘할지 몰라도 기술자로서 갖춰야 할 문제해결 능력이나 현장 공정관리는 답답할 지경까지 뒤떨어지고 말았다. 대형 건설업체를 퇴직한 한 전직 CEO는 원도급 건설업체가 하도급에만 의존하면서 직원의 현장관리 능력이 급격히 사라졌고, 그 결과 해외 건설현장에서 판판이 깨질 수밖에 없다면서 큰 아쉬움을 토로했다.

건설노무 도급계약 신설 입법 시도

시공참여자 제도 폐지로, 하도급업체는 손실을 전가할 대상이 없어져버렸고 해당 손실을 직접 맞닥뜨려야 했다. 폐지된 시공참여자 제도를 그리워하지 않을 수 없는 상황이다 보니 하도급업체들의 시공참여자 부활을 위한 입법 시도가 거세지게 되었다. 대표적인 사례가 바로 백성운 의원(당시 한나라당)이 건설노무제공자 제도 도입을 대표 발의한 경우였다(2009. 12. 18.). 백 의원의 개정안은 자재와 장비를 뺀 건설노무 부분만이라도 재하도급을 허용해달라는 내용이었다. 가장 만만한 노임 부분을 대상으로 한 것이었다. 이 개정안은 국가인권위원회 등의 반대로 좌절됐다. 사실 건설노무 도급계약은 건설노동자에 대한 합법적 노동착취 법안일 뿐이기에 도입 시도 자체가 잘못됐다.

당시 국가인권위원회가 건설노무제공자 제도를 반대한 이유는 이렇다. 먼저 부실공사 등의 부작용과 근로조건에 대한 악화 우려다. 미등록업자(건설노무제공자)에 대한 하도급을 허용하면 불법 다단계 통제가 어렵다. 이로써 부실공사와 근로조건 악화 우려가 상당하다는 것이고, 아울러 미등록업자는 노동관계법상 사용자 책임을 부담할 능력이 부족하다는 얘기다. 다음으로는 미등록업자에게 고용된 근로자의 경우 고용관계 입증이 매우 어려워 임금체불 문제가 심화된다는 이유다. 국가인권위원회는 미등록업자에 대한 하도급을 다시 허용하는 개정안이 근로조건 악화, 임금체불 등 건설 일용근로자의 근로조건 및 노동기본권 보호에 부합하지 않을 뿐 아니라, 부실공사 등 건설산업의 건전한 발전을 저해할 우려가 상당하다고 판단한 내용을 국회의장에게 제출했다(2010. 4. 20.).

엉터리로 도입된 우리나라 직접시공제

원도급자에 의한 직접시공의무 제도 도입의 필요성을 말하면, 우리나라에도 직접시공제가 도입되어 있다는 답이 돌아온다. 엉터리 관료와 사이비 전문가는 현행 직접시공제가 정상적인 제도라고 생각하는 듯하다. 영리법인인 원도급건설업체에게 철저히 부역한다는 느낌을 지울 수 없다. 현행 우리나라의 직접시공제는 처음부터 잘못 도입됐기 때문에 결코 성공할 수 없다.

정부(당시 건설교통부)의 〈건설산업기본법〉 개정 입법예고(2003. 3. 18.)를 보면, 시행령 규정사항임을 언급하면서 30억 원 미만 공사에 30~50%를 직접시공으로 하겠다는 것이었다. 정부는 예의 그랬듯이 국책연구기관을 통한 공청회와 건설업계 연구기관에게 용역을 줬다. 정부는 입법발의 후 국토연구원과 같이 공동으로 건설산업 경쟁력 확보를 위한 〈건설산업기본법〉 개정 공청회를 개최했다 (2003. 11. 14.). 국토연구원의 발제 내용은 미국의 직접시공제 등을 소개한 후 직접시공제 대상·의무화비율 설정에 대해 각각 두 가지씩 방안을 제시했는데, 이를 정리하면 〈표 4-4〉와 같다. 미국에서 운영 중이던 직접시공제의 적용범위 및 비율을 교묘하게 섞은 후 느닷없이 소규모 공사를 끼워넣었다. 공청회 자료는 미국에서 모든 공공공사에 직접시공제를 적용한다는 사실을 의도적으로 누락시키고 왜곡시켰다.

〈표 4-4〉 직접시공제 대상·의무화·비율

구분	직접시공 대상 공사	직접시공 의무화 여부	직접시공 비율 설정
1안	전체공사	직접시공 의무화	10~30%
2안	소규모 공사(10억~50억 원)	발주자와 계약조건	50% 이상

* 국토연구원, 건설산업 경쟁력 확보를 위한 〈건설산업기본법〉 개정 공청회 내용 정리.

입법발의 후 1년 뒤인 2004년 3월경 당시 건설교통부는 '직접시공 촉진방안 연구용역'을 발주했다. 한국건설산업연구원과 용역계약을 체결했고(2004. 4. 28.), 7개월 후인 2004년 11월 「건설공사의 직접시공 촉진방안」 보고서를 납품받았다. 용역 결과를 보면, 건설노동자를 제외하고서 원·하도급업체만을 대상으로 한 설문조사 결과를 토대로, 30억 원 이하 공사에 대하여 30% 이상 직접시공의무제를 제안했다. 공교롭게도 정부의 〈건설산업기본법〉 입법예고(2003. 3. 18.)와 정확히 일치했다. 한국건설산업연구원이 지금도 여전히 원도급업체의 이익을 대변해오고 있는 경향으로 보건대, 건설교통부와의 교감을 통하여 애시당초부터 30억 원 미만 소규모 공사에 한정해서 직접시공제를 도입하겠다는 용역결과를 미리 정해놓은 것이 아닌가라는 강한 의문이 든다.

결국 정부입법 개정안은 '100억 원 이하로서'라는 문구가 삽입되어 신설됐다(2004. 12. 31.). 이런 일련의 과정을 보면서 정부 입법개정안(2003. 3. 18.)의 시나리오대로 〈건설산업기본법〉이 개정됐다는 걸 강하게 느낀다. 아울러 왜 도입 당시에 효과가 없을 것이 분명한 30억 원 미만 공사에 대해 직접시공제를 도입하려고 한 것인지에 대해서도 의문이다. 추정컨대 당시는 참여정부 초반으로 관료들이 새 정부의 직접시공제 도입 요구에 대하여 형식적인 결과물로 화답한 것이 아닐까라는 생각이 든다. 국민을 상대로 한 기망행위다. 정치가 유능하지 못하면, 소수 정책 관료들에게 휘둘릴 수밖에 없음을 보여주는 사례가 아닐까 싶다.

지금 우리나라 직접시공제는 30억 원 미만 공사(2006. 1. 1. 이후)에서, 50억 원 미만 공사로 변경해서 시행되고 있다(2011. 11. 25.). 결과적으로 볼 때, 직접시공제를 도입한 지 거의 10년이 다 되어가는데, 과연 정부가 말하는 입찰브로커 퇴출에 얼마나 많은 역할을 했는지 짚어보지 않을 수 없다.

정부, 직접시공제 정상화 의지 의문

우리나라 건설산업은 지난 수십 년 동안 하도급방식으로만 운영돼 왔기 때문에 직접시공제 도입은 그 의미가 크다. 건설업계로서도 엄청 민감한 사안이다. 어찌 됐든 〈건설산업기본법〉 개정 이유(2004. 12. 31.)에서 언급된 직접시공제 도입 사유는 일괄하도급으로 인한 부실시공을 방지한다는 것이었다. 그러나 실상을 들여다보면, 정부가 부실시공 방지는 고사하고 일괄하도급에 대한 대응책만이라도 마련해놓고 있는지 의심스럽다.

지방에 본사를 둔 4등급(시공능력평가액 301~400위) 건설업체 견적 담당자와의 대화 내용을 소개한다.

"현재 50억 원 미만 공사에 10~50% 이상 직접시공을 해야 하는데, 알고 있나요?"

"우리 회사가 지역업체다 보니 지역에서 발주하는 소규모 공사를 가끔 수주합니다. 법령상 직접시공계획서를 제출해야 하므로, 직접시공제를 잘 알고 있지요."

"그러면 〈건설산업기본법〉 법령에서 강제하고 있는 내용대로 직접시공을 이행하나요?"

"공사금액이 작은 경우 현장관리가 어렵고, 직원을 상주시켜서는 이익을 내기가 어렵습니다. 그래서 대부분 소규모 공사는 일정 비율만 떼어내고 일괄하도급을 주고 있습니다."

"직접시공도 하지 않는 상태에서 일괄하도급을 주다가 적발되면 문제가 심각하지 않나요?"

"일괄하도급을 주더라도 발주청에 제출하는 서류에 문제가 발생하지 않도록 직접시공계획서 등을 다 작성해서 처리합니다."

"적발될 가능성이 크지 않은 모양인가 봅니다?"

"가끔 본사에서 현장을 방문해 발주청 감독을 만나서 회의를 해야 하는데, 단 한 번도 발주청으로부터 일괄하도급을 지적받은 적은 없었습니다."

"일괄하도급은 언제부터 해왔나요?"

"사실 소규모 공사는 일괄하도급 이외에는 방법이 없다고 보면 됩니다."

"만약 하도급업체가 적자가 나거나 체불 문제로 시끄러워지면 어떻게 하나요?"

"그게 제일 큰 문제입니다. 그런 일이 생기지 않기만을 바랄 뿐이죠. 만약 문제가 발생하면 일부 떼어놓은 돈으로 해결할 수밖에 없습니다. 일괄하도급으로 걸리면 향후 수주에 영향이 크므로 어떻게 해서라도 무마시킵니다."

소규모 공사를 수주 대상으로 하는 절대 다수 영세 원도급건설업체는 직접시공을 수행할 여건이 되지 못하는 상황이다. 사실 직접시공할 수 있는 조직을 갖추고 있지도 않다. 정부가 나서서 제대로 관리, 감독을 했다면 직접시공제가 제대로 정착됐을까 하는 실낱같은 기대를 해볼 수는 있겠다. 하지만 안타깝게도 직접시공제가 정착될 가능성은 거의 희박해 보인다. 우리나라 건설공사의 공사 규모별 건수 및 기성액 현황을 살펴보면, 그 이유를 쉽게 파악할 수 있다.

통계청의 종합건설업조사 통계 자료에는 공사 규모별로 공사 건수 및 기성액 현황이 나와 있다. 공사 규모별 건수와 기성액을 구분하여 이를 그래프화한 것이 [그림 4-2]이다. 공사 건수는 공사 규모가 커질수록 줄어드는 반면 기성액은 공사 규모가 커질수록 증가되는, 뚜렷이 상반되는 경향을 보이고 있다.

위 통계청 자료를 현행 직접시공의무제를 적용받는 50억 원 미만 공사를 기준으로, 50억원 미만, 50~100억 원, 100억 원 이상의 3개 구간으로 단순화해봤다. 3개 구간에 대한 각 비중을 살펴본 결

[그림 4-2] 공사 규모별 발주건수 및 기성액

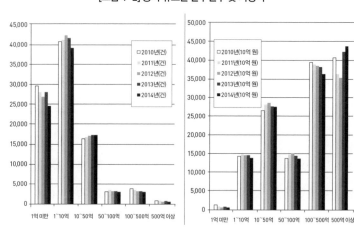

과, 최근 5년 동안 50억 원 미만 공사의 발주 건수는 전체의 91.5~91.7%로서 거의 대부분을 차지한 반면, 기성액은 30.9~33.4%로 그리 많은 비중이 아니었다. 100억 원 이상 공사에 대해 살펴보면, 공사건수는 4.6~4.9%로 적은 반면, 공사 기성액은 55.4~59.3%로서 절반을 상회하고 있었다.

아무리 관리감독을 잘하더라도 9만 건에 달하는 직접시공 대상 현장에 대해 직접시공 여부를 감독한다는 것은 현실적으로 불가능하다. 결국 내부자의 신고에 의존할 수밖에 없는데, 폐쇄적인 건설시장의 관행상 원도급업체와 공모해 위장직영으로 투입된 하도급업체 또는 무면허업체가 직접시공제 위반을 신고할 가능성은 거의 없다고 봐야 한다. 직접시공을 위반한 경우 하도급업체 또한 엄중한 행정처분을 받기 때문에 서로 간의 공모가 외부로 노출될 가능성은 애초부터 없다.

공사건수와 달리 공사 기성액은 반대 현상을 보인다. 50억 원 미만 공사 기성액은 전체의 30%를 약간 상회할 뿐이다. 기성액을 보자면 총력을 기울여 감독 권한을 행사할 동기부여로서는 부족하다. 반면, 100억 원 이상 공사 건수는 4,500건 정도로 전체 건수의 약 5%에 못 미치나, 공사 기성액은 55%를 상회하고 있다. 100억 원 이상 중대형 공사를 수주받는 중대형 업체는, 직접시공 위반에 따른 처벌규정이 워낙 크므로 스스로 법 준수 동기가 부여된다. 공사 건수 5%만을 감독하더라도 전체 공사 기성액 55% 이상을 감독할 수 있다면 이보다 더 효율적인 방안이 어디 있을까.

직접시공 위반에 따른 행정처분 효과가 크기 때문에, 중대형 공사를 수행하는 업체들은 법위반 가능성이 매우 낮아진다. 우리 속담에 윗물이 맑아야 아랫물이 맑다는 말이 있다. 중대형 건설업체들을 중심으로 한 직접시공체계가 확립된다면, 아랫물인 중소규모 업체들이 수주 대상인 중소공사 현장으로 직접시공 대상을 확대하는 것이 그리 어렵지 않다는 점도 분명 고려되어야 한다.

공사 규모 50억 원 미만 소규모 공사에 대한 직접시공제가 왜 실효성이 없는지는 위법 처분 내역을 봐도 설명된다. 직접시공제 시행 (2006. 1. 1.) 이후 지금까지 국토교통부가 밝힌 직접시공제 위반 행정처분 내역을 보면, 매년 30~55건 정도의 실적뿐이었다(《표 4-5》). 처분 건수가 공사 건수의 0.1%(≒55건÷8만 7,000건)에도 미치지 못한다. 0.1%라는 수치는 외형상 거의 완벽에 가깝다. 이러한 직접시공제 위반 행정처분 건수 내역은 두 가지 경우로 추정할 수 있다. 하나는 직접시공제가 완벽하게 정착돼 위법한 경우가 거의 발생하지 않았다는 추측이다. 다른 하나는 자체 감독권으로 적발이 불가능하기 때문에 내부자끼리의 분쟁과정에서 어쩔 수 없이 외부로 드러났다는 추측이다. 우리나라 건설현장의 실태를 조금이라도 알고 있다면 50억 원 미만 공사에 직접시공제가 완벽하게 정착되고 있다고 볼 수 없으므로 두 번째 추측이 매우 유력하다. 이런 상황이 벌어질 수밖에 없는 것은, 직접시공제를 관장하는 국토교통부에서 제도시행 이후 10년이 지나도록 제대로 된 제도도입 효과를 검토한 적이 전혀 없었기 때문이기도 하다. 국토교통부 또한 직접시공제가 제대로 이행되지 않을 것을 너무나 잘 알기에 아예 제도시행 실태를 점검할 생각이 애초부터 없었다고 보는 편이 맞을 것이다.

극소수 정책 관료의 잘못된 시각이 직접시공을 거부하는 업계이익과 결부돼 우리나라 직접시공제를 첫 단추부터 잘못 끼워놓았다. 선진국에서 당연시하는 직접시공의무를 우리 정부가 소규모 공사로 제한하려다 보니 곁가지에 불과한 입찰브로커(페이퍼 컴퍼니) 퇴출 명목만을 제도도입 목적으로 끌어다 쓴 것이다. 사실 유일한 이유로 언급된 입찰브로커 퇴출효과라도 달성했는지조차 의문이다. 국

〈표 4-5〉 직접시공의무 위반 행위에 대한 행정처분 내역

(단위: 건)

구분	계	영업정지	과징금	비고
계	205	57	148	
2006년	1	1	–	
2007년	–	–	–	
2008년	53	16	37	
2009년	36	5	31	
2010년	1	–	1	
2011년	21	8	13	
2012년	15	10	5	
2013년	33	6	27	
2014년	39	8	31	
2015년 9월	6	3	3	

* 〈건설산업기본법〉 제82조 제2항 제2호에 의한 처분현황
** 이 자료는 〈건설산업기본법〉 시행령 제10조 및 시행규칙 제7조에 따라 건설업 등록관청이 건설산업종합정보망(KISCON)망에 입력한 자료로서 담당자의 착오 등으로 누락, 오기될 수 있음

민을 위해 봉사해야 할 관료들이 건설산업 정상화를 조직적으로 훼방 놓은 셈이고, 이럴 바에는 정책 관료가 없는 게 낫지 않을까라는 황당한 생각에까지 다다르게 된다.

선진국, 공사금액 규모 제한 없고 직접시공비율도 대부분 50% 이상

현행 우리나라 직접시공제가 엉터리라 말하는 이유는 분명하다. 선진국은 공사 규모를 제한하지 않았는데, 왜 우리는 중소규모에 해당하는 50억 원 미만으로 제한했는가에 있다. 특히 중소규모 공사현장은 발주청의 관리능력이 낮을 뿐만 아니라 원도급업체도 영세해서 행정처분의 영향이 별로 크지 않다. 한마디로 50억 원 미만 공사는 애초부터 직접시공제 도입효과가 없었다. 입법부와 행정부가 바보가 아니고서야 아무런 실효성 없도록 직접시공제를 제도화한

〈표 4-6〉 외국의 직접시공의무제도 운영 사례

구분	내용
미국	• 계약금액의 일정비율 이상을 직접시공하도록 강제 – 50% 이상: 연방고속도로청, 뉴욕 주, 미국육군공병단 등 – 30% 이상: 캘리포니아, 아이오와, 버지니아 주 등
영국 (교통부 도로국)	• 계약금액의 60% 이상을 하도급하는 것은 허용하지 않음
프랑스	• Qualibat(건축 분야의 자격증명·품질보증 증명기관)은 원도급의 직접시공비율 70% 이상을 요구
독일(베를린, 바이에른 주 등)	• 연방정부에서 공공공사에 대한 원수급인의 최소 직접시공비율을 30% 이상으로 규정
일본	• 〈공공공사 표준청부계약약관〉 제6조에서 공사의 일괄위임이나 일괄하도급 금지
중국	• 〈중화인민공화국입찰법〉(2000년시행) 제48조 및 제58조에 직접시공의무화 및 벌칙규정을 둠

것을 이해할 수 없다. 대한건설협회 내부 자료인 외국의 직접시공제 의무제도 운영 사례(《표 4-6》)를 보면, 직접시공 적용대상에 공사금 액 규모를 제한하지 않는다. 직접시공비율 또한 대부분 50% 이상이 다. 이러한 직접시공비율은 하한기준으로서, 실제 건설현장에서는 공사금액의 60~70%를 직접시공하고 있다.

미국 뉴욕 주 사례를 보면, 뉴욕 주와 계약한 총 공사비의 절반 이상을 직접시공하도록 규정하고 있으며, 공사 규모를 이유로 직접 시공비율을 다르게 적용하고 있지는 않다.

Section 108 – Prosection and Progress(공사 수행과 공정)
108–05 Subletting or Assigning the Contract(하도급)
원수급자는 자신이 보유한 조직을 이용해 전체 계약가의 50% 이상을 수행해야 한다. 단, 뉴욕 주에 의해 전문공사로 규정된 경우에는 하도급을 줄 수 있고, 수행된 전문공사에 해당하는 계약금액은 수급자가 자신이 보유한 조직을 이용해 수행돼야 할 공사의 총액을 산정하기 전에 총 계약금액(원래의 계약금액)에서 공제될 수 있다. 원수급자가 수행해야 할 50% 이상에 해당하는 계약금액에는 계약조항에 의거해 원수급자가 구매하거나 생산을 요청한 재료비와 제조 물품이 포함된다.

「건설공사의 직접시공 촉진방안」 보고서(2004. 11)에 따르면, 미 국 뉴욕 주의 경우 도로교통부(DOT)와 조달청(OGS, NYS Office of General Services)은 직접시공 규정을 통해 건설업을 건강하게 만들 고 브로커를 차단하는 데 도움을 주었다고 판단하고 있다. 직접시 공을 요구하지 않았던 3년 전과 비교할 때 입찰브로커의 감소, 품질향상, 공기 준수 등의 효과를 본 것으로 평가하고 있다. 예전에는 낮은 가격을 제시하는 입찰자 중 입찰브로커가 많았기 때문이라고도 덧붙이고 있다. 나아가 직접시공의무화는 고용의 안정성, 기술개발, 원가절감방안 향상 및 기능인력 양성화에 기여하게 되고, 대형 업체에 대한 고용 가능성은 젊은 층의 건설기능직 진입을 활성화시킨다. 이러한 정책적 효과가 아니더라도, 건설회사로 하여금 상당 부분을 직접시공하도록 하는 것은 당연하다. 직접시공제의 실질적 효과는 바로 품질과 안전이기 때문이다.

100% 직접시공, 일본 헤이세이건설

일본은 1960년대 초반까지 전속적 하청관계이었으나, 지금은 2차 또는 5차 하청으로 중층화되었다. 일본 건설산업은 우리나라와 마찬가지로 직접고용은 거의 없으며, 일괄청부 및 외주시공 형태로 이루어지고 있다. 재하청에 대한 규제가 없다 보니 중층구조는 우리보다 더 심각한 수준이다. 이러한 와중에 전부를 직접시공하면서도, 불황에도 흑자경영을 이어가고 있는 건설업체가 있어 세간의 화제다. 건설업계의 이단아라고 불리는 아키모토 히사오가 대표로 있는 '헤이세이건설'이다.

일본의 헤이세이건설은 "비정규직·하도급 없이……일 헤이세이건설, 24년간 흑자경영"이란 제목의 기사로 우리나라의 한 신문에 보도된 바 있다(《한겨레》 2013. 6. 17.). 헤이세이건설에서 신입사원은 입사 뒤 1년간 건설 현장을 책임지는 '공무부'에서 일을 하고, 현장직원은 도제식 교육을 받으며 건설의 모든 과정을 습득하여 '다기능공'이자 '장인'으로 성장한다.

헤이세이건설은 일본 건설업계의 이단아로 소개되기도 했다(《건설경제신문》 2014. 1. 2. 신년특집). "하도급 없는 내제화 성공……장기불황 20년 동안에도 흑자경영"이란 기사에서 헤이세이건설의 하도급 없는 내제화가 성공한 비즈니스 모델로 소개되었다. 내제화의 탄생 배경에 대해 아키모토 히사오 사장은 말한다. "하도급업체를 통해 설계나 기획, 시공을 맡기면 소통의 문제가 생기고 쓸데없는 인건비가 들어간다. 분업이 잘 정착되면 전문성이 생길 수 있으나 분업화가 본격화하고 반세기가 지나서 보니 일의 효율을 높이기보다 비정규직 노동자나 파견사원과 같은 단순 노동직을 양산했다는 게 내 판단이었다."

일본 젠켄소렌(동경토건노조)의 한 간부의 말에 따르면, 헤이세이건설은 일본 TV에도 소개되는 등 일본에서도 주목을 받고 있다고 한다. 하청방식에 익숙한 일본 종합건설업체와 달리 전부를 직접 시공하면서 높은 수익을 올리고 있으며, 젊은이들이 대기업보다 더 입사를 선호하는 건설업체로 꼽는다는 것이다.

하도급 생산구조의 문제점과 원인 정리

우리나라 건설업의 고착화된 하도급 생산구조에 대하여 원인을 구조적으로 분석한 보고서는 아직 찾지 못했다. 기껏해야 문제가 되는 몇 개의 키워드들로 매몰되어 논의가 단편적으로 진행되어왔을 뿐이다. 이에 현재 우리나라 건설업 생산구조의 문제점과 원인에 대한 구조를 그림으로 정리했다. [그림 4-3]과 같이 크게 두 범주로 구분해봤다. 하나는 법·제도적 현황으로서 하도급 생산구조를 고착화시킨 원인에 해당되는 범주이고, 다른 하나는 하도급 생산구조로 인하여 나타나는 현장 실태 및 문제점에 대한 것이다.

법·제도적 범주(원인)는, 2006년 1월부터 시행된 현행 엉터리 직접시공제와 지난 수십 년 동안 종합·전문업으로 갈라놓은 칸막이식 업역규제로 다시 구분할 수 있다. 현행 직접시공제는 직접시공 대상을 50억 원 미만 소규모 공사로 제한하다 보니 수주업체 또한 소규모 업체가 된다. 이들 수주가능 업체들은 법 준수의 사각지대에 있고, 정부의 관리·감독은 현실적으로 불가능하다. 그러다 보니 주관부서인 국토교통부는 직접시공제 시행 후 10년이 지나도록 제도평가 및 검증을 전혀 하지 않고 있다.

칸막이식 업역규제는 현행 하도급 생산구조를 고착화시킨 핵심 요인이라 할 수 있다. 전 세계적으로 우리나라만이 법률로 건설업 영업범위를 제한하고 있다. 종합건설업과 전문건설업이라는 업역구분이 그것이다. 업역구분 문제를 해소하려는 차원에서 주계약자 공동도급, 소규모 복합공사, 분리발주 등이 제도화되었거나 확대시행 중에 있다. 이러한 방식들은 생산구조의 변화·통합이라기보다는 업역 간 물량 다툼이라는 새로운 대척점을 생성시키고 있다. 그 근간에는 이익선점 경쟁이 자리 잡고 있을 뿐이다.

물량 다툼의 제도적 요인과는 별개로, 전문건설업계가 원도급자 지위를 차지하려는 것은 이익구조뿐만 아니라 불공정 하도급구조가 중대한 요인이다. [그림 4-3]에서도 알 수 있겠지만 종합건설업은 가격경쟁이 배제되어 있는 반면, 전문건설업은 치열한 가격경쟁과

[그림 4-3] 하도급 생산방식 문제점 및 원인 구조도

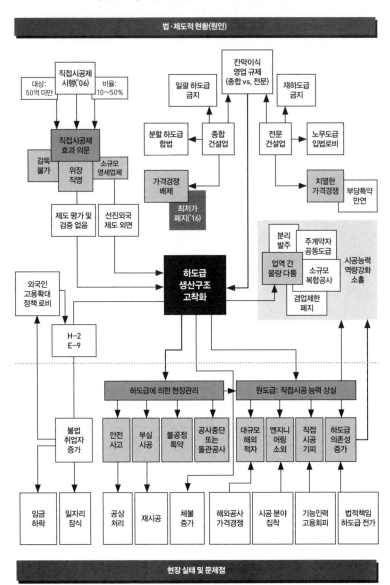

아울러 부당특약이 만연되어 있다.

다음으로 하도급 생산구조 고착화에 따른 건설현장 실태 및 문제점의 범주다. 하도급 생산구조는 하도급에 의한 현장관리가 되면서 원도급업체의 현장 장악력은 현저히 줄어들게 되며, 이는 원도급업체의 직접시공능력 상실을 의미한다. 하도급업체에 의하여 현장관리가 되다 보니, 공상처리(산재은폐), 부실시공, 공사중단 등의 문제가 끊이지 않고 있다. 노동부문에서는 영세 하도급업체를 통한 불법취업자 증가로 내국인 일자리 잠식 문제로까지 확대되고 있다. 원도급업체의 직접시공능력 상실은 하도급 의존성을 더욱 증가시키고, 대규모 해외적자 발생으로 국부유출 문제로까지 비화된다. 직접시공능력이 떨어지면 시공능력 강화보다는 당장의 이익추구를 위하여 업역 간 물량 다툼에 더 매몰되는 악순환의 상황이 전개된다.

100억 원 이상 공공공사부터 직접시공 의무화

직접시공제 적용대상은 100억 원 이상 공공공사에 대하여 절반 이상으로 해야 타당하다. 그 결정 과정은 [그림 4-4]와 같다. 물론 건설공사의 설계가 공사 규모별로 달라지는 것이 아니기에, 직접시공 적용대상을 특정 공사 규모로 제한하는 것은 바람직하지 않다. 여러 선진국 또한 공사 규모를 제한하지 않는다. 하지만 [그림 4-2]에서 살펴본 바와 같이, 현행 100억 원 미만 공사에서의 직접시공제는 현실성이 매우 떨어져 보이고, 이미 지난 10여 년간 시행한 실적이 있으므로 100억 원 미만을 제외한 나머지, 즉 100억 원 이상에 대하여 적용하자는 것이다.

[그림 4-4] 직접시공제 적용방안(대상·규모·비율) 결정 과정

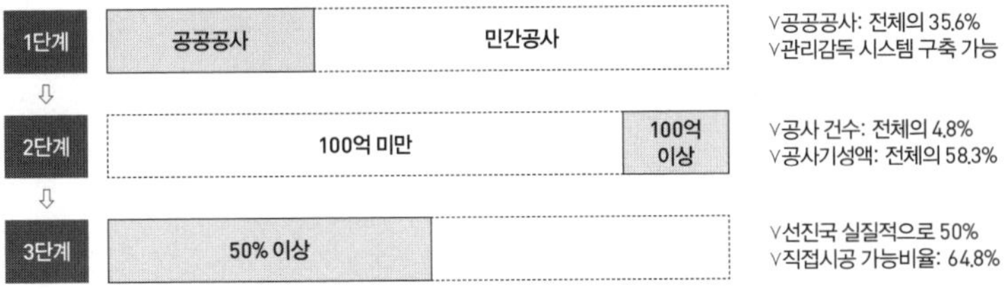

1단계	공공공사	민간공사	√공공공사: 전체의 35.6% √관리감독 시스템 구축 가능
2단계	100억 미만	100억 이상	√공사 건수: 전체의 4.8% √공사기성액: 전체의 58.3%
3단계	50% 이상		√선진국 실질적으로 50% √직접시공 가능비율: 64.8%

우리나라 직접시공제가 지금부터라도 제대로 자리 잡기 위해서는 딱 한 글자만 바꾸면 된다. 현행 〈건설산업기본법〉 제28조의2 제1항 중 '100억 원 이하'를 '100억 원 이상'으로 바꿔야 한다. 이 한 글자를 바꾸는 게 너무나 어렵다.

직접시공제가 당연한 것이라면 굳이 법령개정 없이 발주기관 자율에 맡기는 방안도 생각해볼 만하다. 현행 〈건설산업기본법〉은 100억 원 이상 공사에 대해서까지 직접시공을 금지한 것이 아니기 때문이다. 하지만 우리나라의 발주기관은 아무리 당연한 것일지라도 법령으로 강제해놓지 않으면 절대로 움직이지 않기에, 모든 것을 법으로 해결하려는 것이 능사가 아닌 줄 알면서도 법제화가 불가피하다는 결론에 다다를 수밖에 없다.

직접시공제 도입효과

100억 원 이상 건설공사에 직접시공의무제를 도입하면 어떤 효과가

생길까. 도입효과는 직접시공제 도입 논쟁 시 가장 중요하게 다뤄져야 할 사안이다. 직접시공제의 효과는 매우 다양하다. 고질적 하도급문제 원천차단, 건설업체의 핵심역량 차별화, 모호한 책임관계 명확화, 책임시공 및 안전관리, 건설노동자에 대한 사회적 관심 및 처우 등이 그 효과다. 정부에서 말하는 입찰브로커 근절은 직접시공제 도입으로 얻어지는 효과의 부수적인 작은 부분일 뿐이다. 직접시공제 도입효과를 간략하게 부연설명하면 이렇다.

첫째, 고질적인 하도급 문제가 완전히 해소된다. 지금까지 하도급에 의존해온 생산구조를 직접시공으로 전환하면 탈도 많고 말도 많았던 하도급 문제가 원천적으로 차단된다. 직접시공제 시행 자체만으로 곧바로 이뤄지는 효과다. 입찰브로커 근절은 굳이 언급할 필요조차 없다. 물론 일부 하도급이 불가피한 부분에 대해서는 하도급 문제가 지속되겠지만, 예전과 같은 적대적 하도급 논란은 대폭 줄어든다. 직접시공제야말로 하도급 문제 해결을 위한 특효약이다.

둘째, 직접시공제가 도입되면 건설업체들을 특정 공종에 특화된 시공회사로 성장할 수 있도록 유도한다. 지금과 같이 원도급업체의 백화점식 수주가 어려워진다. 직접시공제가 제대로 정착되면 건설업체들은 핵심역량을 갖춘 사업에 치중할 수밖에 없다. 예를 들어 교량 공사는 A건설, 지하철은 B토건, 항만은 C기업 등이 경쟁력이 높고 품질이 우수하다는 평판이 자연스럽게 형성되고, 이들의 수주 가능성이 높아진다. 그렇게 되도록 해야 한다. 지금 우리나라는 수주와 동시에 모두 하도급을 줘도 되므로, 하도급업체 선정·관리 업무에 치중할 수밖에 없다. 원도급업체는 정작 현장에서 발생하는 문제 해결 능력이 떨어지고 하도급을 쥐어짜는 것이 유일한 원가관리 방안일 뿐이다. 때문에 업계에서는 원도급업체가 현장은 모른 채 하도급 관리 능력만 향상되고 있을 뿐이라는 비아냥거림이 나오고 있다. 직접시공제는 건설업체로 하여금 생존을 위한 원가관리 능력을 키우도록 유도하는 가장 효과적인 방법이다. 경쟁력 없는 업체가 도태되는 것은 당연하다.

셋째, 직접시공제는 그동안 하도급업체에게 전가해온 각종 책임관계를 명확하게 만든다. 일례로 하도급업체에게 전가시킨 산재은폐가 더 이상 어렵게 되고, 임금 및 장비대금체불 문제 또한 사회적 문제로 확대되지 않게 한다. 하도급업체에 의해 야기된 각종 체불 문제는 공사중단 등의 사회적 손실을 발생시키고, 원도급업체가 체불금액을 이중으로 지급해온 것이 현 실태다. 재무상태가 나쁘면 수주할 수 없으므로 다양한 평가기준을 통해 선정된 원도급업체에게 직접시공을 의무화시키면, 발주자에게까지 피해가 확산되는 체불 발생의 여지가 없어진다. 발주자의 근심거리가 확연히 줄어들게 되는 것이다.

넷째, 직접시공제는 원도급업체에 의한 책임시공뿐만 아니라 안전관리능력 향상을 자연스럽게 이끌어내는 효과가 있다. 원도급업체가 직접 건설노동자와 고용관계를 맺어 시공을 수행하므로, 지금처럼 하도급 공사 과정에서 인지하지 못했던 부실시공 등이 원천적으로 차단된다. 지금은 원도급업체가 아무리 성실시공을 외쳐도 하도급업체에서 음성적으로 부실시공을 해버리면 막을 방법이 딱히 없다. 안전관리 또한 그렇다. 지금은 하도급업체에서 건설노동자와 고용관계를 맺고 있기에 원도급업체에 의한 노무관리는 한계가 있을 수밖에 없다. 직접시공제는 원도급업체가 건설노동자와 직접 고용관계를 맺고 있기 때문에 건설노동자에 대한 관리·감독을 직접적으로 수행해야 하고, 하도급에 의존할 때보다 안전 및 품질관리를 훨씬 더 직접적으로 수행할 수 있다. 2014년 세월호 참사 이후 우리나라의 사망사고가 일정 정도 감소했는데, 안전관리 강화의 결과로 보고 있다. 하지만 여전히 건설업의 사망사고는 여전히 최고 수준이고, 하도급에 의한 안전관리는 한계가 분명하므로, 원도급자에 의한 안전관리가 강화될 수 있도록 유인하기 위해서는 직접시공제가 불가피하다.

다섯째, 건설노동자의 입장에서 보면, 직접시공제는 원도급업체와 직접 고용계약을 맺는 것이므로 일자리 질을 높이는 계기로 작동한다. 원도급업체에 대한 소속감을 갖게 해 건설노동자로 하여금 이전보다 성실한 작업수행 의지를 품게 한다. 노임이 삭감되는 중간 하도급단계가 없어지므로 자연스럽게 적정임금이 형성될 뿐만 아니라 성실시공이 유도된다. 최근 건설노동자를 대상으로 한 설문조사 결과를 보면, 원도급에 의한 직접시공이 필요하다는 응답이 지속적으로 높아지고 있다. 고무적인 현상이다. 건설노동자 또한 직접시공제가 자신들의 권익 향상에 도움이 된다는 공감대가 형성되고 있어 다행스럽다.

여섯째, 직접시공제는 덤핑수주 리스크(Risk)를 하도급단계로 전가시킬 수 없게 만들기 때문에 업계가 항상 우려해온 덤핑수주 문제 또한 사라진다. 적정한 가격으로 입찰하지 않고 덤핑으로 수주한 공사에 대해서는 자신이 적자를 직접 감수하게 한다. 적정공사비 입찰을 유도하는 순기능 효과가 발휘된다.

일곱째, 발주자의 입장에서 본다면 동일한 비용을 지출하면서도 더욱 향상된 결과물을 얻을 수 있으므로, 발주자가 가장 큰 수혜자라 할 만하다. 직접시공제는 관리 단계가 축소되고 원도급에 의한 현장관리가 강화되므로 현장에서 발생하는 제반 문제들이 월등히 줄어들게 된다. 그간 발주자에게 곤란한 상황을 초래시킨 체불 등 각종 문제들이 대폭 감소한다. 이때 비로소 발주자와 시공자는 공정과 품질관리에 더 치중할 수 있다.

이외에도 직접시공제의 효과는 얼마든지 찾아낼 수 있다. 이처럼 많은 도입효과가 예상됨에도 불구하고, 직접시공제가 건설산업 이해관계자 모두에게 항상 좋게 다가오지는 않는다. 앞서 언급한 장점들이 하도급에 의한 생산방식에 익숙해진 원도급업체의 입장에서는 곤혹스럽게 인식될 수 있기 때문이다. 건설노동자 직접고용에 따라 노무관리를 직접 수행해야 하고, 하도급업체에게 전가시켰던 각종 리스크를 원도급업체가 직접 부담해야 한다. 산재은폐는 예전에 비하면 거의 불가능해질 것이고, 건설노동자의 다양한 요구에 지속적인 관심을 가져야 하는 등 지금과 같이 안이하게 현장을 관리하다가는 엄청난 곤경에 처할 것이다. 직접시공제에서는 지금까지 하도급업체에 떠넘긴 업무를 자신이 직접 수행하면서 문제들을 직접 스스로 해결해야 하므로, 원도급업체 임직원에게는 훨씬 고단한 일이 된다. 그렇지만 고단한 과정일지라도 정상화를 위한 불가피한 진통이라면 감내해야 한다. 원·하도급 관계에 익숙해져온 기간만큼 정상화를 위한 고난이 클 수밖에 없지만 더 이상 지체해서는 안 된다. 직접시공제는 우리나라 건설산업 정상화 속도를 빠르게 진행시킬 것이다. 이것이 진정한 건설업 혁신이다.

직접시공제 정상화의 가장 큰 걸림돌, 칸막이식 업역 구조

직접시공제 도입을 위해서는 원도급업체의 업무량이 늘어나는 것과 비교할 수 없을 정도의 큰 걸림돌이 있다. 지금 당장 100억 원 이상 공공공사에 대하여 50% 이상 직접시공제 의무화 법 개정이 가능하더라도, 그 이전에 해결해야 할 것이 있다. 바로 원도급과 하도급으로 철저하게 분리시켜놓은 우리나라 건설산업의 칸막이식 업역 구조를 없애는 일이다. 물론 지난 반세기 동안 고착돼온 원·하도급 업역 구조를 하루아침에 없애기란 만만치 않다.

만약 원도급공사의 절반 이상을 직접시공하도록 의무화시키면 그만큼의 하도급 수주물량이 줄어들게 된다. 중대형 건설공사를 수주 타깃으로 삼아온 중견 전문건설업체로서는 비상이 아닐 수 없다. 상당 부분의 구조조정이 불가피하다. 우리나라 전문건설업체는 하도급으로만 공사수주를 할 수 있도록 막아놓은 업역 구조 때문에 원도급업체의 직접시공의무는 곧 하도급 발주물량 감소로 이어진다. 이런 문제를 해결하기 위해서는 현재 전문건설업체에게도 발주자로부터 직접 수주를 할 수 있도록 해야 하고, 종합건설업체 또한 하도급을 받을 수 있도록 해야 한다([그림 4-5]). 따라서 직접시공제를 도입하기 위해서는 원도급과 하도급의 영업범위를 철저하게

[그림 4-5] 건설업 통합(업역 폐지)에 따른 수주변화 예상도

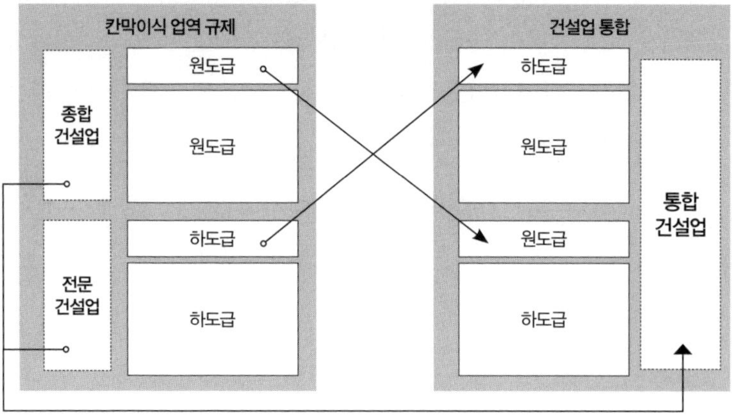

칸막이식 업역 규제	건설업 통합

종합건설업 — 원도급 / 원도급

전문건설업 — 하도급 / 하도급

건설업 통합 — 하도급 / 원도급 / 원도급 / 하도급

통합건설업

막아놓은 칸막이식 업역규제를 반드시 없애야 한다는 결론에 다다르지 않을 수 없다.

공사 수주 단계에서는 전문건설업체의 변화 및 적응이 힘든 반면, 공사를 수주하고 난 다음 단계부터는 종합건설업체에게 더 큰 숙제가 주어진다. 종합건설업체는 지난 약 20여 년 동안 직접시공을 거의 해보지 않아서 직접공사를 수행할 능력을 겸비한 임직원이 부족하다. 아니 거의 없다고 표현하는 게 맞을 것이다. 하지만 답은 있고, 간단하다. 직접공사를 수행할 인력이 부족하다면 해당 공종에 대한 시공관리 경험을 가진 하도급업체 기술자를 스카우트하면 될 일이다. 건설업계가 생존이라는 빌미로 불법담합마저 저질러온 것을 볼 때, 정부가 직접시공이 필수적이라는 강한 의지를 천명한다면 건설업계는 생존을 위해서 빠른 속도로 적응하게 될 것이다.

전문건설업체의 수주 감소?

건설업계 전문가라는 분들과 얘기해보면, 이구동성으로 건설회사의 직접시공이 당연하다고 말한다. 종합건설업과 전문건설업 관련자들도 직접시공에 대해 원론적으로 찬성한다. 여간 다행스러운 일이 아닐 수 없다. 하지만 어떤 식이든 단서가 붙는다. 그중 하나가 전문건설업체의 수주물량 감소가 불가피하고, 이 때문에 전문건설업체에서 종사하는 직원이 실업자가 될 거라는 우려다. 실업대란이 일어난다는 얘기다.

그래서 100억 원 이상 공사에 대하여 직접시공제가 의무화된 후, 전문건설업체가 원도급체제로 전환하지 못할 때 얼마나 수주량이 줄어들 것인지를 추정해봤다. 단순 계산식에 따르면 약 10%가량의 수주량이 감소하는 것으로 추산된다. 100억 원 이상 공사금액 규모 58.3%, 직접시공비율 50% 및 공공공사 비중 35.6%(민간공사는 63.4%)를 각각 곱하면 10.4%p만큼 하도급 물량이 줄어들 것으로 추정된다. 한편 현행 50억 원 미만의 공사에 대해 직접시공제로 인해 일어날 하도급 물량 감소 규모는 모든 공사 중 50억 원 미만 공사금액 규모 31.8%, 평균 직접시공비율 30%를 각각 곱하면 9.5%p가 된다. 현행과 비교할 때 1%p 정도의 감소가 예상된다. 다만 전문업체별로 수주 대상이 다르기에, 개별 업체가 느끼는 체감 정도는 편차가 클 수 있겠다. 적용대상 개별 기업의 입장에서는 온도차가 크게 나겠지만, 전문건설업계 전체로 볼 때 수주 감소와 실업 문제는 명백한 기우다.

이러한 추정치를 근거로 전문건설업체의 수주 감소 및 대량실업

사태가 우려된다고 단정할 수 있는지를 알아보자. 현재 상태가 종합건설업체든 전문건설업체든 총량적으로 적정인원이 고용된 경우라고 가정할 때, 직접시공의무제를 시행했다고 하더라도 전체 업무량은 동일하므로 전체 근무인력이 감소하지는 않는다. 수주 공사량에 따라 해당 직원의 이직이 늘어날 수 있을지언정 우려하는 건설기술인들의 실업대란은 발생하지는 않는다는 것이다. 오히려 일자리의 질이 높아진다.

주계약자방식을 통한 직접시공 달성은 가능한가?

건설공사에서는 여러 업체가 하나의 컨소시엄을 형성하는 공사를 수행하는 공동도급방식이 있다. 여러방식 중 종합건설업체(주계약자)와 전문건설업체(부계약자) 간의 공동도급을 주계약자방식이라고 하는데, 그중 전문업체는 부계약 공종을 직접 수행해야 하므로 이 부분이 직접시공제 달성을 위한 방안으로 거론되고 있다. 주계약자방식은 전문업체를 원도급자로 격상시켜 하도급 문제를 원천 차단시키고, 이들에 의한 부계약자 물량이 직접시공비율에 포함되므로 언뜻 보면 합리적인 방안처럼 생각된다.

하지만 주계약자방식은 임시방편으로는 가능할 것이나 직접시공체계를 확립시킬 수 있는 유력한 방안이 결코 될 수 없다. 그리 되어서도 아니 된다. 몇 가지 이유를 들면 이렇다. ① 주계약자방식은 폐지되어야 할 칸막이식 업역규제를 근간으로 출현했다는 태생적 한계 때문이다. 업역규제가 폐지되면 주계약자방식 또한 자연스럽게 없어지게 되는 시한부방식일 뿐이다. 그리고 ② 주계약자방식은 공동도급이라는 발주방식의 하나일 뿐으로, 직접시공제와 같이 계약 이행 과정을 통하여 원도급업체 시공 역량강화를 이끌어내는 등의 효과가 없다. 주계약자방식은 건설업체의 역량강화와 같은 체질 개선을 유도하지 못한다는 것이다. 특히 ③ 주계약자방식은 적용대상 공사규모가 제한되어져 있다는 한계가 있다. 중앙정부는 300억 원 이상 공사에 대하여, 지방정부는 2억 원 이상 100억 원 미만 공사로서 각각 그 적용대상이 엇갈려 있다. ④ 이마저도 주계약자방식은 임의규정이기에 발주기관의 선택 여하에 따라 적용여부가 달라진다. 발주자의 재량권에 구애받지 않는 의무사항인 직접시공제와는 그 격이 다르다. ⑤ 주계약자방식은 종합건설업계와 전문건설업계의 이해관계가 상반되어 업계 간의 대결구도를 키우게 된다. 물론 이러한 논쟁에 건설노동자나 국민은 없다. 업계 간의 물량 다툼만이 있을 뿐이다. ⑥ 나아가 주계약자방식은 전문건설업계로 하여금 현행 업역규제에 안주할 가능성을 높이게 하여, 업역통합이라는 목표달성에 장애를 초래할 수 있다.

직접시공에 따른 고용형태는 다양

직접시공제 도입 시 건설업계는 건설노동자의 상시고용과 고용경직성으로 경영에 엄청난 압박을 받는다는 주장과 함께 우려를 드러낸다. 건설공사 수행을 위한 건설노동자 고용형태에 대해 법규로 강제하는 것은 적절치 않고, 수주산업인 건설산업의 경우 일정 규모 이상의 인원을 상시고용하기란 매우 어렵다. 고용형태에 대해서는 관련 법령을 위반하지 않는 범위 내에서 해당 건설업체의 경영상 판단에 맡겨야 한다. 만약 직접시공이 건설노동자를 정규직으로 고용해야 한다는 뜻으로 이해했다면 의도적 왜곡이거나 오해다. 직접시공제는 건설노동자의 근로계약 당사자가 하도급업체에서 원도급업체로 이전되는 것뿐이다. 고용방식이나 조건이 달라지는 것이 아니라는 뜻이다. 다만 발주자 입장에서는 사업수행능력평가 등을 위해 유경험 건설인력과 장비보유 정도를 평가항목에 포함하는 것이 직접시공제 도입 취지에 부합하며, 건설업체는 핵심역량 유지 및 향상을 위해 최소한의 조직구성을 유지하려는 노력이 이루어질 것이다.

정부가 2006년부터 시행된 직접시공제를 제대로 관리·감독했다면, 업계의 아전인수식 엉터리 주장이 난무하지 않았을 것이다. 오히려 직접시공제 도입에 따라 논의돼야 할 사안은 비수기에 대한 건설노동자 처우 문제다. 비수기인 우기 및 동절기의 경우에는 작업이 상당 부분 중단되므로 이에 대해 사회적 논의가 미리 완비돼야 한다. 독일의 경우처럼 건설공사비 중 일부를 기금으로 조성해뒀다가 이를 비수기 때 건설노동자에게 생계비 형태로 지원하는 시스템도 검토해볼 만한 방안이다. 사실 건설노동자의 노동력이 건설업체의 이익을 위하여 동원되고 있음에도, 실질적 수혜자인 건설업계는 건설노동자 양성을 위한 비용을 거의 지출하지 않고 있다. 건설노동시장에서 자생적으로 길러진 노동력을 노임 이외의 비용 없이 이용하고 있는 것이다.

3. 임금하락 방지장치, 적정임금 법제화

KBS 〈시사기획 창〉 "상생의 조건, 조주각 씨와 미스터 힐러" 편(2011.
9. 7.)에서는 상생의 조건으로 미국의 적정임금과 같은 건설산업의 적
정임금 법제화가 필요하다고 제시했다. 미국의 적정임금제(Preaviling
Wage, 이하 'PW')는 건설현장 건설노동자의 임금이 무한정 깎여 나가
는 것을 막고자 대공황 직후인 1931년에 도입돼 시행되고 있는 제도
다. 미국 PW는 직종별 최저임금으로 적용되고 있다. 우리나라에서
는 미국의 'PW'를 편의상 적정임금이라는 표현으로 사용하고 있다.

 KBS 방송 프로그램에 소개된 관련 인사의 인터뷰 내용 일부를
인용하면 다음과 같다.

 •티모시(미국 노동부 근로임금 국장): 적정임금 제도가 없었다면 시공

사는 공사를 따내려고 노동자 임금을 깎아 입찰 가격을 낮추려 할 것이다. 따라서 적정임금 제도는 공공건설공사를 수주할 때 임금은 아예 손대지 못하도록 강제하는 규정이다. 적정임금 제도를 어길 경우, 그 건설사는 3년간 공공공사 입찰에 응찰할 수 없게 된다.

•제임스(미국 재정정책연구소 국장): 적정임금 제도는 기술을 가진 노동자를 대우해준다. 생산성이 높아지고 자재 낭비를 최소화할 수 있다. 따라서 적정임금 제도가 건설의 효용성을 높여줬다고 말할 수 있다.

•벤(미국 건설사연합회 국장): 나라의 임금을 정부가 결정하는 것은 여러 문제가 있다. 시장조사를 통해 정부가 책정하는 임금을 보면 종종 적정임금이나 실제 시장임금이 아니라 부풀려진 임금이다. 자유시장임금으로 돌아가야 한다.

•밥(미국 노동자연맹 대변인): (자유시장임금으로 돌아가야 한다는 건설사연합회 측 주장에 대해) 안 된다. 강제성 있는 적정임금 제도가 있어도 건설업자는 여전히 속이려고 든다. 건설사 자율에 맡기는 임금 제도는 성공하지 못한다. 정부에 의해 강제적으로 이행돼야 하고 정부가 감시해야 한다. 그래야 기능을 할 수 있다.

•티모시(미국 노동부 근로임금 국장): 한국 대표를 만났을 때 적정임금 제도에 대한 정보를 제공했다. 어떻게 임금조사를 하고 책정하는지, 건설사가 이 제도를 이행하도록 설득하는 방법, 그리고 이 제도에 대해 걱정하는 부문마저도 다 알렸다. 미국에서 큰 효과를 보고 있다고 말했다. 한국에서 어떻게 적용해야 할지는 한국 정부가 좋은 결정을 내리기 바란다.

KBS 〈시사기획 창〉에서 방영된 인터뷰 내용을 보면, 미국 또한 건설사연합회와 건설노동자연맹의 입장차가 명확하다는 것을 알 수 있다. 미국이 우리나라와 큰 차이를 보이는 부분이 바로 정부(노동부)다. 미국 노동부 관료는 영리법인인 건설업체의 실상을 꿰뚫어 보면서 건설노동자의 임금이 시공사에 의해 깎여 나가는 것을 방지 하는 안전장치임을 강조한다. 하지만 우리나라 정책 관료들에게는 미국 노동부 관료와 같이 건설노동자를 위한 정책적 의지와 노력을 전혀 볼 수 없다. 간혹 정치적이고 입에 발린 발언만이 횡행할 뿐이다. 2010년 당시 고용노동부 박재완 장관은 성남 인력시장 간담회 (2010. 9. 15.)에서 이런 말로 건설노동자를 다독였다. "여러분은 정말 애국자라는 생각이 든다. 땀 흘려 일하려 하는 분들에겐 정부가 최대한 지원을 하고, 어려움에서 가난에서 벗어날 수 있도록 돕는 게 정부의 책무다." 노동부장관이 강조한 대로 가난에서 벗어날 수 있게 하겠다는 정부의 책무가 6년이 지나도록 어떠한 정책들을 시행 하고 있는지 깊은 의문이 든다. 항상 서민들을 위한 정부라고 말하 지만, 정책과 제도가 뒷받침된 적은 거의 없었다.

미국의 적정임금제(Prevailing Wage)와 데이비스-베이컨 법(Davis-Bacon Act)
PW는 미국 공공공사의 입·낙찰 및 시공과정 중의 임금규율 제도로서, 일종 의 직종별 최저임금이라고도 할 수 있다. 이러한 PW를 규정하고 있는 연방 차 원의 법령은 데이비스-베이컨 법(1931, 이하 'DBA')이다.
DBA는 대공황 당시인 1931년에 제정되었지만, 건설업체의 경쟁에 의한 임금 삭감과 폐해는 그 이전부터 나타나 1890년대 후반부터 PW 도입의 필요성에 대한 논의는 시작되었다. 당시 개발이 뒤졌고 노예가 많았던 남부지역의 건설업체는 저임금으로 입찰에 참여하여 낮은 가격에 수주할 수 있었고, 이것이 임금 및 노동조건을 악화시키고 품질저하를 가져왔다. 1927년경 뉴욕 주가 발주한 퇴역병원공사를 남부 앨라배마 주의 한 작은 건설업체가 낙찰을 받았고, 공사를 위하여 앨라배마 주의 흑인 기능인력을 투입했다. 공사 과정에 저렴한 외지 인력을 투입하게 되자 뉴욕 주 건설노동자들의 노임이 깎이는 상황이 발생하기 시작했다. 이러한 문제점이 미국의 적정임금제 도입을 위한 도화선이 되어 '연방정부가 투자하는 프로젝트에서 노동기준을 저하시켜서는 안 된다'는 취지로 DBA가 제정되었다. DBA는 후버 대통령(공화당)때 제정되었으나, 루스벨트 대통령(민주당) 재임 기간 중 연방 전역으로 확산되었다.

PW 임금 결정방식은 1985년 레이건 대통령(공화당) 때의 50% 원칙으로 운영된다. 50% 원칙이란 한 직종에 대해 50%를 넘는 노동자 임금이 해당 지역의 PW가 된다는 의미다. 만약 동일 직종에 50%를 초과하는 임금이 없다면 직종 평균 임금이 PW이다. 노조가 강한 지역에서는 단체협약임금(Union Wage)이 PW가 될 수 있다.

■ 사례

경기도 안산에서 목수 일을 하고 있는 노가다 경력 20년 이상의 50대 중반 S씨. 그는 4인 가족의 가장으로 하루 일당이 17만 원 정도다. 일당만이 유일한 수입원인 탓에 4인 가족이 생활하기 빠듯하다. 고용이 불안한 일용직이지만 퇴직 후 대비를 위한 개인연금이나 종신보험 등은 엄두도 내지 못하고 있다. 안산 지역의 목수 일당은 지방보다 다소 높은 17만 원 선이다. 1998년 외환위기 당시의 일당 8~9만 원과 비교해 두 배 정도 올랐다. 하지만 건설업 경력이 20년 이상이 지나면서 오히려 삶의 수준은 더 떨어졌다. 몇 년만 지나면 60세를 넘기게 되어 S씨는 얼마나 더 일할 수 있을지 걱정이 많다.

정부고시노임 vs. 시중노임단가

건설업 임금은 〈통계법〉 제17조(지정통계의 지정 및 지정취소)에 의한 지정통계다. 1990년대 중반까지만 해도 우리나라 건설산업에는 두 가지 노임기준이 있었다. 정부(당시 재무부)에서 고시하는 정부고시노임과 1990년부터 대한건설협회가 발표하는 시중노임단가가 그것이다. 정부고시노임은 당시 구 〈예산회계법〉(2007. 1. 1. 폐지) 시행령 제78조(예정가격의 결정기준)의 규정에 의거해 입찰예정가격 작성 시 적용하는 노무비를 기준금액으로 적용됐다. 공공공사는 예정가격의 일정 비율로 낙찰받으므로, 건설업계의 입장에서는 예정가격 작성에 적용되는 정부고시노임이 매우 중대한 관심사가 아닐 수 없다. 정부고시노임은 예산의 효율성과 공공공사 예가산정 행정편의를 위해 일원화된 노임단가확보 필요성에 따른 것이었다.

정부고시노임단가 결정과정은 [그림 4-6]과 같다. 먼저 건설협회에서 약 4천 개 현장조사를 시행한다. 주무부처인 당시 재무부는 경제기획원이 5백여 개의 조사표본현장을 통해 조사한 실사결과를 통보받아 이를 토대로 직종별 정부고시노임단가 기준(안)을 작성하고, 다시 경제기획원과 정책 협의를 거쳐 재조정해 최종적으로 확정·발표하는 절차를 거쳐서 정부고시노임을 결정한다.

당시 건설업계의 불만은, 정부고시노임이 건설현장에서 실제 지급되는 시중노임단가보다 현저히 낮게 책정된다는 것이었다. 이러한 논란은 공교롭게도 통계청이 대한건설협회를 임금조사기관으로 선정(1990. 11. 27.)한 직후 급속히 확대됐다. 1987년 말부터 실제 임금이 가파르게 상승했고, 건설현장의 노임 또한 큰 폭으로 올랐다. 건

[그림 4-6] 정부고시노임단가 결정과정

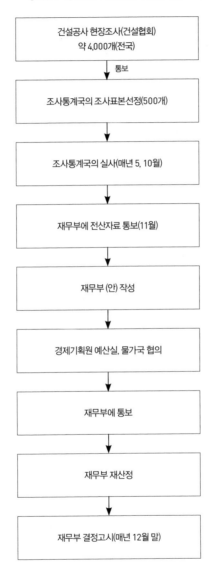

건설공사 현장조사(건설협회)
약 4,000개(전국)

↓ 통보

조사통계국의 조사표본선정(500개)

↓

조사통계국의 실사(매년 5, 10월)

↓

재무부에 전산자료 통보(11월)

↓

재무부 (안) 작성

↓

경제기획원 예산실, 물가국 협의

↓

재무부에 통보

↓

재무부 재산정

↓

재무부 결정고시(매년 12월 말)

설현장 노임상승 요인은 공사물량의 급격한 증가와 이로 인한 기능인력의 부족 때문이었다. 이런 시대적 상황이 반영되어 실제 현장노임 상승은 점점 더 커졌다. 현장노임 상승으로 건설업체의 외형 성장만큼 수익성이 개선되지 않으면서 당시 정부와 건설업계 간의 갈등이 표면화되기 시작했다. 당시 정부도 1989년 말 양 노임 간 격차를 인식해 1990년 정부고시노임을 평균 20.4%p 대폭 인상했다. 그런데도 정부고시노임은 실제 건설현장의 임금보다 여전히 낮았다. 1993년 1월 정부는 정부고시노임과 시중노임단가의 격차를 줄이고자 시중노임단가의 80% 수준에 근접하도록 정부고시노임을 재차 25.6%p 대폭 인상했다(〈표 4-7〉).

〈표 4-7〉 주요직종 노임단가 조정현황

직종	정부고시노임단가(원)				시중노임 접근율(%)	
	1993년 (A)	1992년 (B)	조정액 (C=A-B)	시중노임 (D)	조정 전 (B/D, %)	조정 후 (A/D, %)
공사부문	35,433	28,211	7,222	44,298	63.7	80.0
보통인부	21,200	19,300	1,900	23,171	83.3	91.5
형틀목공	40,200	30,500	9,700	53,612	56.9	75.0

＊출처 | 정부고시노임단가 현실화(재무부 회계제도과 503-9238호, 1993년 1월)

이러한 상황이라면 누구라도 정부가 1990년대 초반까지 정부고시노임방식을 고수한 이유가 궁금해진다. 당시 낮은 노임을 책정했음에도 불구하고, 낙찰가가 낮게 결정되어온 것을 지적하는 《매일경제신문》(1994. 6. 26.) 기사 내용은 다음과 같다. "94년 기준 공사

부문의 노임단가는 시중노임단가의 76.4%, 제조부문은 91.2%로 이같이 낮게 산정된 노임단가를 토대로 예정가가 정해졌음에도 불구, 경쟁입찰과정에서 실제낙찰가는 예정가보다 60~85% 낮은 수준에서 결정돼왔다." 실상은 시중노임단가보다 현저히 낮은 정부고시노임이 적용된 공공공사를 수주하고서도 건설업체들이 이윤을 확보할 수 있었다는 것이 더 이상하게 느껴지는 대목이다. 이에 대해 관련 문헌에는 구체적인 이유를 언급하거나 분석한 자료를 찾을 수 없었다. 추정해본다면 당시 재무부가 결정고시한 낮은 수준의 정부고시노임은, 표준품셈으로 인한 공사비 거품을 통제하려는 수단으로 이용된 것으로 판단된다. 정부가 복잡하고 어려운 건설업 표준품셈을 통제할 수 없게 되자 상대적으로 손쉬운 노임기준을 낮추는 방법을 이용했을 가능성이 설득력이 있다. 동기와 목적이 어떠하든지 간에 건설노동자 임금을 공사비 부풀리기를 통제할 수 단으로 이용한 것은 타당하지 않다. 다만 당시 건설업계에서 정부고시노임이 실제 건설현장의 노임과 상이하다고 조직적으로 문제제기한 사실은 기억해둘 필요가 있다.

정부고시노임 폐지

1990년대까지만 하더라도 정부고시노임이 실제 건설현장의 노임보다 월등히 낮았다. 낮은 정도만큼 노임 격차에 대한 건설업계의 불만은 높았다. 정부가 정부고시노임을 1990년과 1992년 각각 20.4%p와 25.6%p 대폭 인상했는데도 시중노임단가의 80% 수준이었으니 당시 건설업계의 불만은 이해할 만하다. 실제보다 월등히 낮

〈표 4-8〉 적산제도 개선 추진계획

구분	기간	목표	추진과업	세부추진과제	소요 예산
1 단계	'92. 6 ~'93. 7 (1년간)	• 국내외 적산제도 현황조 사 및 비교·분석을 통한 적산제도 개선방향 설정	− 국내 적산 제도 현황조사 및 문제점 분석 − 해외 적산 제도 현황 조사 − 국내외 적산 제도 비교·분석 − 적산 제도 개선방향 설정	• 국내 적산제도 현황, 체계, 문제점 등 조사 • 일본, 미국, 영국 등 해외 주요 국가 적산 제도 조사 및 국내외 비교·분석 • 적산제도 개선방향 대안별 검토 및 최종 개선방향 제안	336 백만 원
2 단계	'93. 8 ~'93. 7	• 1단계 연구에서 제안된 개선방향을 실행하기 위한 구체적인 실행방안 및 제도적 여건 조성	− 실적공사비 적산방식 도입 방안	• 국내 실적공사비 축적 및 활용 현황 조사 • 실적공사비 수집 방안 • 실적공사비 축적 및 공유 방안 • 실적공사비 활용 방안 • 실적공사비 적산방식 도입 단계별 계획	200 백만 원
			− 적산사 제도 도입 방안	• 현행 기사 및 기술사 자격 제도 검토 • 현행 적산업체 현황 조사 • 적산사 자격 기준 • 적산사 자격시험 실행 방안	
			− 민간 적산자료 발간회사 육성 방안	• 현행 적산자료 발간회사 현황 조사 • 민간 적산자료 발간회사 육성 방안	
			− 현행 표준품셈 제·개정 및 관리의 민간이양을 통한 민간품셈 활용 방안	• 민간 이양 대상 기관 검토 • 민간 이양시 관의 역할 • 민간 이양에 따른 문제점 및 해결 방안	
			− 적산연구센터 설립 방안	• 기존 유사기관 검토 • 적산연구센터 기능, 조직, 규모 등 • 적산연구센터 설립 절차 및 운영 방안	
			− 관련 법령 제·개정 검토 및 시안 제안	• 입찰·계약 제도 (2단계 연구 관련 부분) • 감사 제도 등 (2단계 연구 관련 부분)	
			− 공사비 표준분류체계 마련 − 수량 산출기준 제정 − 수량조서 작성기준 제정 − 적산전산 시스템 개발	• 건축공사비 표준분류체계 • 건축 수량 산출기준 • 건축수량조서 작성기준 • 건축적산전산 시스템	
3 단계	'94. 8 ~'95. 7 (2년간)	• 실적공사비 적산방식 도 입을 위한 토목 및 기계설비 부문 실무적 기반 조성	− 공사비 표준분류체계 마련 − 수량 산출기준 제정 − 수량조서 작성기준 제정 − 적산전산 시스템 개발	• 토목, 기계설비 공사 표준분류체계 • 토목, 기계설비 수량산출기준 • 토목, 기계설비 수량조서 작성 기준 • 토목, 기계설비 적산전산 시스템	매년 300 백만 원 (적산연구 센터설립 및 운영기 금 별도)
보완 및 적용	지속적 으로 수행	• 3단계까지의 연구를 통해 설정된 각종 개선방안 보완 및 적용	− 3단계까지의 연구를 통해 설정된 각종 제도, 기준, 시스템 등의 운영을 통해 나타나는 각종 보완사항을 점검하고 이를 보완하여 지속적으로 적용하며 실적공사비 적산방식을 96년 8월 이후 도입함.		

은 정부고시노임은 폐지의 압박을 받았을 것이 분명하고, 이후 국가계약법령이 제정되면서 정부고시노임은 사라졌다. 정부고시노임 폐지는 대한건설협회가 노임 조사기관으로 선정된 이후 5년이 채 되지 않은 시점에서 결정되었다.

1995년 〈국가계약법〉이 제정(1995. 1. 5.)되고, 동법 시행령에 실적공사비 제도가 도입됨과 동시에 노임산정기준은 민간으로 넘어가게 됐다. 대한건설협회가 공사 예정가격의 노무비 적용기준이 되는 노임 조사 및 산정의 전권을 갖게 됐다. 건설업체가 수주하는 건설공사의 적용 노임기준을 건설업계단체가 조사·결정할 수 있도록 권한을 넘겨줘버린 것이다. 이보다 앞선 1993년 7월경 당시 건설부는 「적산제도 개선방안 연구용역(1단계: 개선방향 설정)」 보고서를 발표했다. 과거 30여 년 간 공사비 산정기준이던 표준품셈이 경직성, 복잡성 및 적산업무의 비효율성 등으로 실제 시공단가를 제대로 반영하지 못한다는 비판에 따라, 선진국이 일반적으로 사용하고 있는 실적공사비(Historical Cost Data) 적산방식으로 전환하겠다는 로드맵을 제시한 것이었다(〈표 4-8〉).

실적공사비 제도는 대부분의 국가에서 사용하고 있는 적산방식으로서, 실제 시공단가를 적기에 제대로 반영할 수 있다는 이유로 채택되었다. 건설업계는 실적공사비 적산방식이 도입되기 위해서는 시중노임단가보다 월등히 낮은 정부고시노임이 폐지될 것을 요구했고, 정부가 이를 받아들였다. 1990년대 정부고시노임은 실제 건설현장의 노임보다 월등히 낮았기 때문에 정부고시노임을 현실화하라는 건설업계의 문제 제기 자체는 지극히 당연한 것이었다. 하지만 정부고시노임 폐지는 현실과 맞지 않는 표준품셈 폐지를 전제로 하고 있음이 1993년 7월의 적산제도 개선방안 최종보고서에 분명하게 명시됐다. 그런데 노임기준만 이익단체에게 넘겨주고, 정작 문제가 된 표준품셈은 그대로 유지됐다.

정부, 이익단체를 시중노임단가 조사기관으로 지정

대한건설협회는 〈건설산업기본법〉 제50조(협회의 설립)에 따라 설립된 이익단체다. 통계청은 이익단체를 〈통계법〉 제15조(통계작성기관의 지정)에 의한 지정통계(승인번호 제36504호) 조사를 담당하는 기관으로 선정했다(1990. 11. 27.). 대한건설협회가 우리나라 건설산업에서 전국적 체계를 갖춘 가장 오래된 단체로 보고 임금조사기관으로 지정한 것으로 생각된다. 대한건설협회의 연혁을 보면, 임의단체인 조선토건협회로 발족(1945. 10. 6.)해서 1958년 제정(1958. 3. 11.)된 〈건설업법〉을 근간으로 하여 1959년 현재의 명칭으로 변경(1959. 6. 22.)된 법정단체다. 〈국가계약법〉 제정에 따라 1995년부터 지금까지 대한건설협회가 조사한 시중노임단가는 관련 법령에 의거해 공공공사의 공사비 산정기준으로 활용되고 있다. 2009년 통계청장은 〈통계법〉 제18조 제3항 및 동법 시행령 제26조 제4항의 규정에 따라 통계작성의 변경 승인 내용을 고시했다(2009. 7. 27. 통계청 고시 제2009-199호). 총 표본수를 당초 1,700개 현장에서 2천 개 현장으로 증가시키면서 직종 수는 145개에서 116개로 조정했다.

대한건설협회가 조사한 시중노임단가는 매년 1월 1일과 9월 1일 연 두 차례 공표되고 있다. 최초 발표(1991. 8. 21.)부터 최근까지의 노임현황 추이를 다룬 [그림 4-7]을 보면 평균노임은 꾸준한 증가세를 유지해왔다. 외환위기 당시에 조사되어 공표(1999. 1. 1.)된 일반공사 직종 평균임금 63,608원이 유일하게 하락한 경우다. 시중노임단가 의 일반공사 직종 평균임금은 1991년 37,209원에서 가장 최근(2016. 9. 1.)에는 165,389원으로, 지난 26년 동안 4.4배 이상 상승했다.

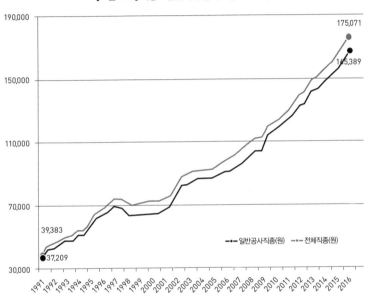

[그림 4-7] 시중노임단가 현황 추이('91~'16)

대한건설협회의 시중노임단가 현황을 조사하면서 한 가지 의문 이 든다. 통계청이 이익단체를 조사기관으로 선정하고, 그 이익단체 가 〈통계법〉에 따른 지정통계인 건설업 임금실태조사를 수행했는 데, 과연 그에 대한 합당한 조사비용을 지급했을까라는 지극히 상 식적인 물음이었다. 통계청은 지금까지 조사기관인 대한건설협회에

조사와 관련된 비용을 전혀 지급한 적이 없다고 했다. 정부가 조사 비용을 이익단체에게 전가시킨 것도 잘못이거니와 이익단체가 아무런 비용을 지급받지 않고서 지금까지 무보수로 조사업무를 수행해 오고 있는 이유 또한 궁금하다. 이 점을 어떻게 이해해야 할까.

설계공사비 책정기준 시중노임단가, 실제 지급 여부는 모르쇠

시중노임단가방식이 자리를 잡은 지 20년이 지났다. 시중노임단가는 대한건설협회가 매년 조사하여 발표하고 있고, 이를 공사비 산정기준으로 적용되고 있다. 이익단체가 자신들의 수주대상이 되는 건설공사의 공사비 산정기준 노임단가를 직접 조사·공표하고 있는 것이다.

최근 들어 시중노임단가와 실제 건설현장의 노임격차 논란이 생기기 시작했다. 다만 최근의 상황은 1990년대와 다르다. 1990년대에는 건설업계와 전문가가 나서서 정부고시노임과 시중노임단가의 격차를 우려하며 정부고시노임에 대해 대대적인 공세를 펼친 것과 달리, 현행 시중노임단가가 실제 현장에서 지급되는 노임과 맞지 않는 점에 대해서는 아무도 문제 제기를 하지 않는다. 건설업계의 침묵은 그렇다 치더라도 그 많던 전문가는 다 어디로 사라진 걸까. 이를 감시·통제해야 할 정부 또한 손을 놓고 있다. 오히려 '무지렁이'라면서 착취의 대상이 되어온 건설노동자들이 문제 제기를 하는 상황이다.

선진국의 임금단위는 시간당이다. 미국은 노동부(DOL)가 직접 나서서 임금을 시간당으로 조사·발표한다. 유럽도 마찬가지다. 그런

〈표 4-9〉 2015년도 노임조사 내용 비교

(단위: 원)

구분		시중노임단가	건설노조 설문조사
조사기간		2015.6.1. ~ 6.30.	2015.6.20. ~ 7.31.
표본수		2,000개 현장	489부
직종명	보통인부	89,566	98,537
	형틀목공	152,831	156,206
	철근공	148,057	164,354
	콘크리트공	142,556	129,181
	배전/활선전공	313,838	313,324

* 시중노임단가는 2015년 하반기 발표자료임.
** 배전/활선전공 시중노임단가는, 배전전공(254,503원)과 배전활선전공(373,173원)의 평균임. 건설노조 설문응답이 배전전공과 활선전공의 구분 없이 이루어진 점을 고려한 것임.

데 우리나라는 지금까지 8시간짜리 일당으로 노임을 발표하고 있다. 8시간 기준으로 노임을 발표하기 때문에, 보통 9~10시간 노동이 이루어지는 건설현장의 일당과 단순비교하여 현재 시중노임단가가 높지 않아 보이도록 착시효과를 만들 수 있다. 제대로 계산하려면 건설노동자에 대해 8시간을 초과한 노동시간과 이에 대한 50%의 할증을 가산해야 하는 번거로운 과정을 거쳐야 한다.

지난 20여 년간 우리나라의 유일한 노임 자료는 시중노임단가다. 이러는 사이 2015년경 민주노총 건설노조에서 건설현장의 실제 노임을 직접 조사했다. 건설노조 조사결과를 시중 노임단가와 비교한 결과, 보통인부, 형틀목공 및 철근공은 건설노조 조사 결과가, 콘크리트공 및 배전전공은 시중노임단가가 높았다. 직종별로 본다면 절반씩 우위를 보였지만, 인원이 많이 포진된 형틀목공 직종을 고려하면 전반적으로 시중노임단가가 실제 현장임금보다 아주 높아 보이지는 않는다.

대한건설협회가 매년 두 차례씩 정기적으로 노임을 조사해왔으므로, 조사된 직종의 노임은 실제 현장에서 지급되는 임금과 큰 차이 없이 나타나야 한다. 그러나 일부 직종은 조사 노임 편차가 다소 크게 나타나기도 했다. 조사기관 간의 조사 임금 격차가 크게 나타나는 두 가지 경우를 생각해볼 수 있다. 시중노임단가가 건설노조 설문조사 일당보다 낮은 경우와 그 반대로 시중노임단가가 설문조사 일당보다 높은 경우다. 전자의 경우에는 추후 해당 직종의 조사 노임이 상승되면 될 일이나, 후자의 경우처럼 시중노임단가가 설문조사 임금보다 높다면 공사비가 과다책정됐다는 논란으로 비화할 수 있다. 이에 대한 정부의 해명이 어떻게 나올지 궁금하다.

현행 시중노임단가 방식에는 큰 문제가 있다. 대한건설협회가 조사·발표하는 시중노임단가방식이 건설공사의 설계공사비를 산정하는 데만 사용될 뿐, 실제 시공과정에서는 아무런 역할을 하지 않는다는 것이다. 정부가 공식적으로 발표 활용하는 시중노임단가가 실제 건설현장에서 일하는 건설노동자에게도 그대로 지급되고 있는지를 아무도 관리하지 않는다는 것이다. 공사비에 책정된 노임단가대로 지급되는지를 확인·감독해야 할 의무규정이 없기 때문이라고 한다. 건설업체 이익단체에게 공사비 산정기준인 노임조사를 맡긴 것이 문제일 수 있겠지만, 정말로 중요한 것은 조사·공표된 노임기준대로 건설노동자에게 실제 적용되는지를 아무도 확인하지 않는 것이 더 큰 문제다. 실정이 이렇다 보니 건설업계로서는 어떻게든 시중노임단가를 상향시키려는 유혹이 도사리고 있다. 너무나 빤한 구조적 문제가 아닐 수 없다. 반면 미국은 조사된 평균임금인 적정임금(PW)을 임금지급 가이드라인으로 강제하고 있다. 자본주의 종주국인 미국이 왜 그런지를 곰곰이 생각해봐야 한다.

건설노동자 임금하락 및 일자리감소 원인 구조

앞서 여러 차례 언급한 바와 같이, 우리나라 정부는 건설노동자의 임금이나 수입을 공식적으로 조사·발표하지 않고 있다. 제대로 된 조사가 없는데, 제대로 된 대책이 나올 리 없다. 그나마 건설노동자의 월평균 수입을 추정할 수 있는 조사 자료를 토대로 월평균 수입을 비교해봤다(〈표 4-10〉). 한국건설산업연구원 및 건설노조는 설문조사로 추정한 연봉을 12개월로 나눠서 월수입을 산정했고, 건설근로자공제회는 평균일당과 평균 작업일수를 곱하여 월수입을 산정

〈표 4-10〉 조사기관별 월평균 수입 비교

구분 \ 자료	건설근로자 수급실태조사	임금 실태조사	건설근로자 종합실태조사
조사기관	건설산업연구원	건설노조	건설근로자공제회
조사방식	설문조사	설문조사	설문조사
조사시기	2013. 9월	2015. 6월	2015. 2월~7월
월평균 수입(천원)	2,117천원 (25,398,354÷12)	2,417천원 (29,000,000÷12)	1,809천원 (121,397원×9일)

했다. 3개 조사결과의 월평균 수입은 181만원에서 242만원 사이로, 통계청 발표의 남성근로자 평균급여인 약 350만원과 비교하면 턱없이 낮은 수준이다. 여기에다 건설노동자의 높은 작업강도와 전무한 복지여건을 고려하면 실질적으로 체감되는 임금수입 격차는 더 커진다.

대한민국 헌법 제32조는 국가로 하여금 적정임금 보장에 노력하도록 명시하고 있다(영문헌법은 적정임금을 'Optimum Wage'로 번역하고 있다). 적정임금은 적정한 수입으로 귀결되고, 소비주체에게 적정한 노동대가를 보장하여 국민경제에도 이익이 되는 선순환구조를 형성한다. 그러나 정부의 무관심과 비정상적인 건설노동 정책으로 건설노동자의 삶은 피폐화되었고, 저가의 불법체류 외국인 노동자들에게 질 낮은 노가다 일자리마저 빼앗기는 형국이다. 더 큰 문제는 피폐화된 건설노동자 실상에 대하여 원인규명 노력이나 시도조차 없다는 것이다. 이에 지금까지 논의된 내용들을 토대로 건설노동자의 임금 하락과 일자리 감소가 어떠한 원인구조에 의하여 이루어지고 있는지를 [그림 4-8]과 같이 도식화했다.

[그림 4-8]은 주요 키워드를 원도급 및 하도급 부문으로 구분·배치하고, 여기에서 발생되는 각 키워드들이 미치는 영향을 흐름으로 정리한 뒤, 그것들로 인하여 나타나는 임금하락·일자리 감소 등의 건설현장 실태를 맨 아랫부분으로 배치했다.

[그림 4-8]에서 보면 알 수 있듯이, 건설현장 실태는 또 다시 하도급 부문과 연결되어 전체적으로 맞물린 구조로 되어 있다. 원도급

[그림 4-8] 건설노동자 임금결정(하락) 구조도

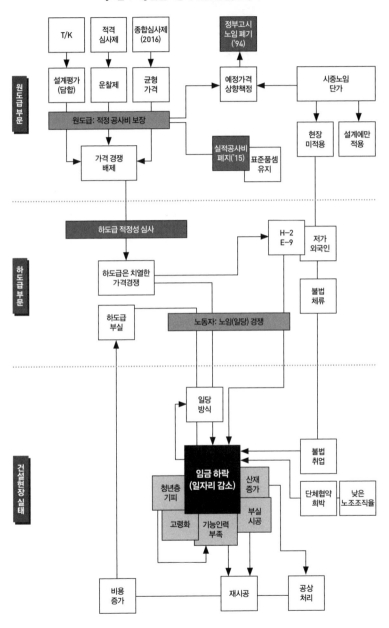

부문은 적정공사비 보장에 따라 가격경쟁이 배제되어 있으며, 노임기준인 시중노임단가 또한 설계공사비 산정에만 적용될 뿐 건설노동자의 노임 지급기준으로는 적용되지 않고 있다. 건설노동자에 대한 임금보장 대책을 외면한 정부지만, 원도급에 대하여는 적정공사비 보장대책을 지속적으로 내놓고 있다.

하도급 부문부터는 전혀 다른 양상이 벌어진다. 하도급은 적정성 심사제도가 있지만 원도급과 달리 치열한 가격경쟁이 벌어지고 있으며, 이는 곧바로 건설노동자 노임경쟁으로 이어져 임금하락과 불법취업에 따른 일자리 감소로 귀결된다. 원도급 부문에 적용되는 시중노임단가는 설계공사비 산정에만 적용될 뿐 건설현장의 임금하락 방지장치와 같은 역할은 논의조차 이루어지지 않았다. 그렇다 보니 저임금 외국인과 불법체류자의 유인을 차단하지 못하고, 그것으로 다시 임금하락·일자리 감소로 귀결된 것이다.

건설현장 실태는 이러한 임금하락·일자리 감소를 중심으로 여러 가지 문제들이 파생된다. 청년층의 건설현장 진입 기피, 이로 인한 고령화 가속화 및 기능인력 부족 심화, 불성실 작업에 따른 부실시공 만연, 안전사고 증가 등이다. 건설노동자들이 건설현장에 고용되는방식 또한 문제다. 대부분 건설노동자들은 비정규직보다도 열악한 일당방식으로 작업에 참여하고 있는데, 이런 여건에서 건설노동자들로부터 혼을 담은 장인정신을 기대하기란 불가능하다. 오히려 그러한 기대는 과도한 욕심이다. 건설현장의 열악한 실태들은 공상처리, 재시공 등으로 인하여 비용증가를 발생시킨다. 비용증가는 곧바로 하도급업체의 부실로 이어지고, 부실 하도급업체는 또 다시 노임경쟁을 거쳐 임금하락과 내국인 일자리 감소라는 악순환을 이어간다. 그 과정에서 건설공사비 중 하락방지 장치가 없는 노임만 계속 깎여 나간다.

현행 시중노임단가를 임금지급 가이드라인으로 설정

미국은 정부(노동부)가 직접 나서서 임금을 조사하고, 조사된 임금 이상으로 지급하도록 법제화되어 있다. 반면 우리나라는 시중노임단가를 정부가 아니라 이익단체인 대한건설협회가 조사를 수행하고 있다. 공표된 노임 자료가 공공공사의 설계공사비 산정에만 반영한 후 실제 지급 여부에 대해서는 방치되고 있으므로, 해당 협회에서 노임을 낮게 산정할 가능성은 희박하다. 이익단체로서는 가능한 한 최대한 시중노임단가를 높이는 것이 이득이다. 그럼에도 불구하고 앞서 살펴봤던 〈표 4-9〉의 노임조사 비교결과를 보면 대한건설협회의 시중노임단가가 지나치게 높거나 낮은 것이 아닌 것으로 나타났다. 이러한 정도라면 현실적으로 현행 시중노임단가를 우리나라 건설현장의 임금 지급기준으로 적용해도 문제가 되지 않을 것이다. 시중노임단가와 건설노조 조사 노임과의 격차가 크지 않으므로 지금이 적기가 아닐까라는 생각이다. 현 시점에서 적정임금이 얼마인지를 새롭게 정립하기에는 숱한 논쟁과 시간이 소요될 것이고, 또 이왕에 시중노임단가와 같이 공식적으로 조사된 노임기준도 제시되어 있으므로, 이를 한시적 기준으로 삼아도 무방할 것이다.

건설산업 적정임금 법제화 효과

가난한 건설노동자에게 적정한 수준의 노동대가를 보장하는 것은 소비되어 사라지는 아까운 비용이 아니다. 우리나라 건설산업에서도 미국의 적정임금제와 같은 임금 지급 가이드라인을 법제화하면 어떠한 효과가 있을까. 혹시 적정임금제의 반대논리와 부작용은 없는 걸까.

우선 반대 이유를 살펴보면 딱 하나다. 노임경쟁이 발생했을 때보다 공사비가 올라간다는 점이다. 물론 건설업체에는 추가 부담이 발생하지 않는다. 이 문제는 도입효과를 언급한 후 논의하기로 하자.

건설산업에 대한 적정임금 법제화는 직접시공제와 마찬가지로 큰 효과가 있다. '묻지 마'식 덤핑 입찰 방지, 젊은 층의 건설업 유인, 불법체류 외국인 노동자 고용 제어와 아울러 가장 중요하게는 품질향상 및 안전재해 감소 등의 효과다. 적정임금 법제화 효과는 건설공사비 상승 정도를 상쇄하고도 남을 만큼 훨씬 크다. 적정임금 법제화 도입 효과를 부연설명하면 이렇다.

첫째, 적정임금 법제화의 단기적 효과를 말하면 그동안 말 많고 탈 많던 '묻지 마'식 덤핑 입찰이 발붙이기 어렵게 된다. 적정임금제는 무리한 덤핑수주 리스크를 노임에 전가할 수 없게 만들므로, 적정임금이 반영된 시공 가능한 금액으로 투찰하도록 유도한다. 설령 덤핑 입찰로 수주했더라도 노임삭감이 불가하므로 수주업체는 덤핑한 만큼의 적자를 감수해야 하는데, 영리법인이 의도적으로 덤핑입찰할 이유가 없다. 낙찰 가능한 금액으로 투찰해온 과거의 잘

못된 행태가 시공 가능한 금액 투찰로 바뀌면서 수주질서의 개편이 이뤄진다. 물론 이를 위해서는 적정임금 지급 위반 시 미국과 같이 계약해지 및 입찰참가 제한조치와 같은 강력한 처벌이 뒷받침되어야 한다. 바로 그런 이유로 미국은 최저가낙찰제 공사의 경우에도 평균낙찰률이 약 95% 정도가 된다. 덤핑 입찰을 방지하려면 원도급 낙찰률을 인위적으로 올려주는 방안이 아니라, 입찰자가 정상적인 금액으로 투찰할 수밖에 없도록 유인해야 맞다. 그 역할을 하기에는 적정임금제가 가장 효과적이다.

둘째, 적정임금 법제화는 건설노동자에게 양질의 일자리를 제공한다. 지금까지 우리나라에서 논의된 일자리 대책은 대부분 질보다는 양으로만 언급돼왔다. 지금까지는 싸고 질 낮은 일자리라도 많이 만들면 된다는 단순한 실적 위주의 형식적·돌려막기식 대책이 자리 잡아온 게 사실이다. 이제는 적정임금 법제화를 통해 일자리의 질을 높여야 한다. 그래야 젊은이를 건설산업으로 끌어들일 수 있다. 건설업체는 같은 값이면 말도 통하지 않는 비숙련 외국인 노동자를 고용하지 않게 된다. 결국 적정임금제는 젊은 층을 유인할 효과적인 정책의 하나이자, 건설산업 고령화에 대한 가장 확실한 대책이 아닐 수 없다.

셋째, 적정임금 법제화의 가장 큰 효과는 품질향상이다. 건설노동자에게 중산층 정도 생활수준을 보장해준다면 이들은 자연스럽게 사회구성원으로서의 소속감과 책임감을 갖게 될 것이다. 그럴때 정성을 다한 성실시공이 가능해진다. 건설노동자는 최전선에서 품질을 담당하는 자로서, 그들에게 적정한 사회적 대우를 보장할 때에 우리 사회는 정성들인 망치질을 그들에게 요구할 수 있다. 일각에서 자주 거론되는, 원도급업체에게 적정한 공사비를 보장해줘야 건설공사 품질이 확보된다고 하는 주장은 사실 엉터리다. 우리나라와 같이 모두 하도급에 의존하는 생산구조에서는 원도급에 의한 적정공사비가 하도급업체로 내려갈 리가 없다. 더군다나 가장 밑바닥 건설노동자까지는 더욱 그렇다. 건설공사 품질수준은 원도급업체 낙찰금액과 상관관계가 없다. 대형 건설사들이 해외공사에서 대규모 적자를 내더라도 부실시공을 하지 않는 사실로 충분히 설명된다. 건설공사 품질은 공사비가 얼마냐가 아니라 얼마나 철저한 품질관리가 이루어지느냐에 달려 있기 때문이다.

넷째, 적정임금 법제화는 또한 안전사고 감소에도 효과가 있다. 적정임금제로 건설노동자가 적정한 수준의 삶을 살 수 있다면, 그만큼 안전의식이 커지게 되어 안전이 확보되지 않는 무리한 작업을 하지 않게 된다. 상대적으로 기능도가 높고 우수한 노동자의 안전인식과 현장대응이 더 양호하기 때문이기도 하다. 물론 그 과정에서 건설노동자에 대한 효과적인 안전교육은 당연하다.

적정공사비가 우선 확보되어야 한다는 주장의 허구성

그럼에도 불구하고 영리법인의 논리에 익숙해져 있는 관료들과 정치인들은 적정공사비 확보가 먼저라는 주장을 포기하지 않을 것이다. 이러한 주장이 엉터리라는 것은 가까운 일본 사례에서 곧바로 확인된다.

일본 정부는 거품경제 붕괴 이후에 하락하던 설계노무단가를

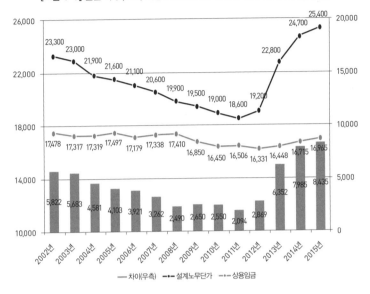

[그림 4-9] 일본 목수(大工) 직종의 임금실태 비교(설계노무단가 vs. 상용임금)

― 차이(우측) ―●― 설계노무단가 ―●― 상용임금

2013년부터 대폭 인상했다. 건설노동자의 수입과 인원 감소, 고령화 문제 해결책을 설계노무단가 인상 근거로 삼았다. 이러한 문제인식에서 그 원인으로 지목된 낮은 설계노무단가를 2013년에 16.1%p라는 큰 폭으로 상승시킨 것이다. 하지만 실상은 전혀 그렇지 않게 나타났다. 지난 10여 년간 목수(大工) 직종의 설계노무단가와 실제 건설현장의 상용(常用)임금을 비교해보면 [그림 4-9]와 같다. 설계노무단가의 대폭적인 인상이 목수 건설노동자의 임금인상으로 귀결되지 않은 것이다. 설계노무단가를 인상했어도 목수 일당은 상승하지 않았던 것이다. 설계공사비 산정기준이 되는 설계노무단가를 대폭 인상하더라도, 그 인상폭이 일본식 다단계 하청과정을 거치면서 건설노동자에게로 내려가지 않는다는 것이 실제 조사결과로 나타난 것이다. 일본의 설계노무단가는 설계공사비 산정기준이 될 뿐 실제 건설현장에서 지급되는 임금 지급기준으로 활용되지 않기 때문에 벌어진 현상이다. 일본 또한 우리나라와 마찬가지로 임금지급 가이드라인이 없기에, 설계공사비 산정기준인 설계노무단가를 인상한 효과가 건설노동자에게로 전달되지 않았던 것이다. 일본의 설계노무단가는 우리나라의 시중노임단가와 거의 비슷하다.

이러한 내용은 일본 《일간건설공업신문》의 "주요 25개사 완성공사 총이익률"이라는 기사(2016. 6. 6.)에서도 확인이 가능하다. 25개사 중 24개사가 모두 총이익률이 월등히 증가해서 최고를 달성했다는 내용이다. 일본 건설노동자의 임금을 올려주기 위하여 설계노무단가를 인상시켰지만, 결과적으로 건설노동자 임금은 제자리에 머물렀으며, 오히려 하청에만 의존하는 원청업체의 이익만 최고 실적을 달성하게 한 것이다. 이를 그대로 우리나라로 옮겨보자. 원도급업체에게 적정한 공사비를 지급하더라도, 원도급업체의 이익률만 높아질 뿐 건설노동자의 임금 및 수입 증가로 이어지지 않는다는 결론에 이르게 된다. 원도급업체에게 지급된 공사비 중 노무비가 건설노동자에게 전달되도록 하는 안전장치가 없기 때문이다.

적정임금제에 따른 공사비 증가는 수용 가능

공사비가 밑바닥까지 흘러내리도록 하여 우리나라 경제를 활성화하려면 임금지급 가이드라인을 법제화해야 한다. 자본주의의 탐욕을 도덕적 판단에만 맡기지 못하는 이유를 정책 관료와 정치인 또한 정녕 모르지 않을 것이다. 그럼에도 재정을 책임지는 정부 입장에서는 적정임금제 도입에 따른 재정의 추가 지출을 우려하는 듯하다.

〈표 4-11〉 일본 주요 25개사 완성공사 총이익률(2016년 3월기)

건설 업체명	총 계	건 축	토 목
오바야시	10.8% (5.4%)	9.4%	15.1%
가지마	11.9% (0.8%)	10.7%	14.6%
시미즈	9.9% (6.4%)	10.3%	8.4%
다이세이	12.0% (7.5%)	10.5%	16.3%
하세코	15.2% (10.3%)	-	-
도다	9.4% (8.0%)	9.4%	9.4%
고요	7.2% (6.0%)	8.0%	6.4%
마에다	8.4% (7.2%)	8.1%	8.8%
미스이스미토모	8.8% (6.1%)	6.3%	12.9%
안도하자마	11.7% (9.4%)	9.3%	16.3%
구마가야	11.3% (7.6%)	10.5%	12.8%
후지타	11.8% (10.0%)	10.9%	14.3%
나시마쓰	8.8% (5.2%)	8.7%	8.9%
도큐	10.4% (6.5%)	11.0%	8.4%
오쿠무라	9.5% (7.0%)	9.8%	9.2%
도아	10.1% (7.4%)	9.9%	10.2%
뎃겐	4.2% (5.1%)	4.0%	4.3%
도요	9.5% (8.1%)	9.0%	9.6%
아사누마	8.3% (6.2%)	7.7%	12.3%
오토요	8.7% (7.0%)	8.1%	9.4%
아오키 아사나로	9.7% (7.1%)	10.0%	9.4%
도데쓰	14.6% (12.5%)	13.5%	15.1%
아스카	9.2% (6.4%)	9.0%	9.2%
나카노후도	9.5% (6.7%)	-	-
PS미쓰비시	9.4% (7.2%)	9.8%	8.8%

* 자료 | 《일간건설공업신문》(2016. 6. 6.) "粗利益率改善進 16年3月期 25社 完成工事總利益率"
** ( ) 안은 2015년 3기 총이익률

현행 시중노임단가를 임금지급 가이드라인으로 설정할 경우, 어느 정도 공사비가 증가되는지 추정해보자. 먼저 공공공사의 평균 인상률이다. 공사비 중 노무비가 차지하는 비율 약 40%에다, 시중 노임단가보다 낮은 임금을 지급받은 건설노동자가 절반(50%)이고, 이들의 임금이 약 15% 정도 인상될 것으로 예상된다. 이들 세 가지 요소를 곱하면 공사비 인상률이 산정된다. 산정 결과 낙찰률 인상 정도는 약 3%(=40%×50%×15%)가 된다. 이중 임금인상률 15%는 공공공사 평균 낙찰률을 85%를 기준한 것으로, 노무비 부분이 100%로 올라간다고 본 것이다. 연간 공공공사 총 기성액이 약 70조 원 정도이므로, 적정임금 법제화에 따른 공사비 증가 규모는 2조 1천억 원 정도가 될 것으로 추정된다.

적정임금제에 부정적인 측면으로 바로 이 약 2조 1천억 원의 재정 지출을 문제 삼을 가능성이 있다. 그런데 우리 정부는 이미 영리 법인인 건설업체에게 단순히 발주방식만을 변경시켜 2조 원 이상의 예산을 추가 투입시키고 있다. 2016년부터 최저가낙찰제(평균 낙찰률 74%)를 폐지하고 종합심사낙찰제(평균 낙찰률 82%)로 낙찰자 결정 방식을 바꾼 것이 대표적인 사례다. 2조 원 이상의 증액 규모는 종합심사제로 전환되면서 평균낙찰률이 8%(74%→82%)가량 인위적으로 상승했는데, 이로 인한 재정 추가 지출 규모다. 공공공사 총 기성액 70조 원 중 최저가낙찰제 발주 비중 40%에 낙찰률 인상분 8%를 곱한 결과다. 해당 요소를 곱하면, 종합심사제 전환에 따른 재정 추가지출 규모는 2조 2천억 원(= 70조 × 40% × 8%)이다. 2조2천 억 원은 2001년부터 도입된 최저가낙찰제에 대해 저가심의 등으로 낙찰률이 상승되어 지출된 추가 예산을 아예 고려하지 않았는데도 그렇다. 조달청의 발표 내용에 따르면 2001년부터 시행된 최저가낙찰제의 평균 낙찰률은 도입 초기 61.9%에서 2013년에는 74.1%로 12.2%p 상승했다(〈표 2-1〉). 가격경쟁을 배제시키기 위하여 적용된 저가심사제 때문이었다. 정부는 꾸준하고 지속적으로 건설업체에게 재정지출을 늘려왔다. 물론 국민의 동의는 없었다.

적정임금제에 따른 추가 예산 2조 1천억 원이 적지는 않다. 그러나 영리법인에게 인위적으로 경쟁을 배제시켜 지난 십 수년 동안 예산 지출을 늘려온 것과 비교한다면 오히려 정당성은 넘쳐난다. 나아가 적정임금제를 적용받는 건설노동자는 소비주체로서 소비를 늘리게 될 것이고 이에 따라 세수증대 효과 또한 나타날 수 있다. 정부가 그토록 원하던 경기활성화 등의 긍정적 효과가 아닐 수 없다. 그동안 힘겹게 살아온 건설노동자를 위해 꼭 필요한 적정임금제 도입을 재정 지출 증가를 이유로 주저하는 것은 결코 정당하지 못하다. 우려스러운 것은 우리나라 정책 관료와 정치권이 건설노동자를 위한 제도 도입에 매우 인색하거나 무관심하다는 점이다. 얼마 전 적정임금제 도입 논의에 관여한 한 전문가로부터 관련 부처인 국토교통부와 고용노동부의 생각을 전해 들었다. 당시 국토교통부는 처음엔 적극적으로 나오다가 시간이 지나자 소극적으로 변했고, 고용노동부는 처음부터 계속 소극적인 분위기였다고 한다. 주관 부처인 고용노동부의 소극적인 태도를 볼 때 우리나라에 적정임금제 도입이 어려울 수밖에 없다는 게 그의 논지였다.

EBS에서 방영된 〈천불천탑의 신비 미얀마〉 시리즈 2부 "버강, 위대한 왕국의 꿈"(2015. 5. 19. 방영)에서는 적정 수준의 노동자 임금을 강제한 결과 버강이 부강한 나라로 성장할 수 있었다고 전했다. 불탑을 지을 때 주변국보다 높은 수준의 임금을 비석에 ○○티칼(화폐단위)로 새겨 넣어 임금 하향 기준을 높인 결과, 기능도가 높은 노동자들이 몰려들어 불탑의 품질이 좋아졌고 아울러 버강의 인구 또한 증가하여 번창하게 되었다는 내용이었다. 역사는 적정수준의 임금을 국가가 책임질 때, 오히려 나라가 번성한다는 교훈을 알려주고 있다. 또한 국민들의 압도적인 지지를 받고 퇴임한 브라질의 룰라 대통령의 말처럼 "왜 부자들을 돕는 것은 투자라고 생각하고, 가난한 이들을 돕는 것은 비용이라고만 말하는가?" 이제부터라도 가난한 건설노동자가 대한민국 구성원으로 될 수 있도록 서민을 위한 정책의 전환이 시급하다.

대한민국 건설산업의 패러다임 전환

05
대한민국 건설산업의 패러다임 전환

건설산업의 두 가지 수주·시공 행태

건설산업은 수주산업이다. 수주를 위해서는 시공능력이 요구된다. 건설공사의 수주·시공 행태는 크게 두 가지로 정리할 수 있다. 하나는 낙찰 가능한 금액으로 입찰한 후, 하도급은 치열하게 가격경쟁을 시켜서 선정하고, 최저가로 선정된 하도급업체는 낙찰금액에 맞는 건설노동자를 찾아 공사를 수행하는방식이다. 흐름이 위에서 밑으로 흘러간다는 의미로 '하향식'(Top-Down방식)이라고 할 수 있다. 다른 하나는 시공 가능한 금액을 산출한 후 입찰한 후, 수주한 공사의 주요 공종은 원도급업체가 직접시공하고 특수·전문 공종에 한해서는 발주자의 하도급 서면 승인을 얻어 공사가 이루어지는 방식이다. 밑에서부터 위로 올라간다는 의미로 '상향식'(Bottom-Up방식)이라고 할 수 있다.

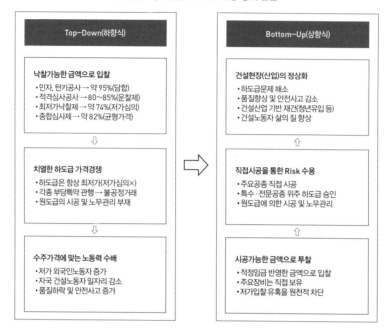

[그림 5–1] 건설공사 수주·시공 행태 전환

Top–Down(하향식)

낙찰가능한 금액으로 입찰
- 민자, 턴키공사 → 약 95%(담합)
- 적격심사공사 → 80~85%(운찰제)
- 최저가낙찰제 → 약 74%(저가심의)
- 종합심사제 → 약 82%(균형가격)

⇩

치열한 하도급 가격경쟁
- 하도급은 항상 최저가(저가심의×)
- 각종 부당특약 관행 → 불공정거래
- 원도급의 시공 및 노무관리 부재

⇩

수주가격에 맞는 노동력 수배
- 저가 외국인노동자 증가
- 자국 건설노동자 일자리 감소
- 품질하락 및 안전사고 증가

Bottom–Up(상향식)

건설현장(산업)의 정상화
- 하도급문제 해소
- 품질향상 및 안전사고 감소
- 건설산업 기반 재건(청년유입 등)
- 건설노동자 삶의 질 향상

⇧

직접시공을 통한 Risk 수용
- 주요공종 직접 시공
- 특수·전문공종 위주 하도급 승인
- 원도급에 의한 시공 및 노무관리

⇧

시공가능한 금액으로 투찰
- 적정임금 반영한 금액으로 입찰
- 주요장비는 직접 보유
- 저가입찰 유혹을 원천적 차단

우리나라 건설산업은 수주와 시공과정 모두 고질병에 걸려 있다. 그 고질병은 바로 수주방식에서 시작된다. 4장에서 제시한 직접시공제 정상화와 적정임금제 법제화는, [그림 5–1]처럼 현행 우리나라의 하향식 수주·시공 행태를 선진국의 상향식 수주·시공 행태로 바꿔 건설산업의 패러다임을 전환하게 만든다.

하향식의 우리나라 건설공사

일반인들은 이해하기 어렵겠지만, 우리나라 공공공사는 시공 가능한 금액으로 입찰하면 낙찰받지 못한다. 낙찰 가능한 금액으로 투찰하도록 강제당하고 있기 때문이다. 때문에 같은 공사라도 발주방식에 따라 낙찰률이 달라진다. 턴키 공사(일괄입찰)는 대부분 가격담합이 이루어져 거의 설계가격에 맞춰 입찰하고, 적격심사공사는 공사 규모로 구분해놓은 낙찰 하한률인 80~85% 사이에서, 2016년 1월부터 폐지된 최저가공사는 평균 74%, 최저가낙찰제 대안으로 도입되어 2016년부터 본격적으로 시행되고 있는 종합심사제는 약 82% 부근에서 낙찰률이 형성된다. 발주방식별로 수주 가능한 낙찰률로 입찰해야 낙찰 가능성이 생긴다. 시공 가능한 공사비를 책정하여 적정한 공사비로 입찰하면 절대로 낙찰받지 못하는 구조다.

시공과정 또한 문제다. 지금까지 수차례 언급한 바와 같이 시공은 모두 하도급에 의존하는데, 하도급업체는 철저하게 가격경쟁을 시켜서 말 그대로 가장 낮게 투찰한 전문건설업체가 낙찰자로 선정된다. 전문건설업체는 원도급의 낙찰방식과 관계없이 무조건 가장 낮게 입찰해야만 하도급으로 선정될 수 있다. 빠듯하게 하도급을 주면서 각종 불공정특약이 따라붙는다. 전문건설업체는 하도급으로만 공사를 딸 수 있으므로, 하도급 입찰에 초청이라도 받기 위해서는 청탁과 접대가 주요 업무의 하나가 됐다. 이후 가장 낮은 금액으로 입찰해서 하도급자로 선정받은 업체는 하도급 계약금액에 맞는 저가의 건설노동자를 수배한다. 가능성은 없지만, 설령 여유 있게 하도급 금액을 보장해주더라도 노동자 수배방식은 달라지지 않는다. 하도급업체는 노무비 절감을 위해 외국인 노동자를 고용하는데, 처음에는 중국동포(조선족)를 주로 고용하다가 중국동포의 노임이 올라가자 말이 통하지 않는 태국이나 베트남 노동자로 대체하고 있다. 이마저도 노임이 올라가는 추세라 스리랑카나 캄보디아 노동자를 간혹 데려오기도 한다. 건설노동자에 대한 임금 하한기준이 없기 때문에 노임은 가장 손쉬운 공사비 절감대상이 되고 말았다.

이러한 하향식은 하도급 문제를 확대 재생산한다. 영세한 하도급 업체에게 공사를 맡기면서 하도급업체를 닦달하는 까닭에 하도급 업체의 부실은 급격히 커졌고, 각종 노임 및 장비대 체불이 사회 문제가 되고 있다. 체불은 단순한 금전적인 문제에만 그치지 않고, 공사중단 및 시공품질을 저하시키는 상황으로 확대된다. 그 피해는 체불금액을 월등히 초과할 것이 분명하다. 2006년경 발생한 포항 포스코사태가 재발되지 말라는 법은 없지 않겠는가. 저가의 외국인 노동자는 일차적으로는 내국인 건설노동자의 일자리를 잠식하는 문제를 낳지만, 발주자의 입장에서는 품질하락을 불러올 뿐만 아니라 안전사고의 취약 대상이 된다. 하향식은 헌법 제32조에 명문화한 적정임금은 고사하고 내국인 건설노동자의 노임을 깎는 결과를 초래한다. 가뜩이나 3D로 기피대상이 된 건설 '노가다'이기에 젊은 층의 신규 유입을 아예 차단하고 만다. 결국 건설노동자 고령화를 부추기는 촉진제로 작용했다. 워낙 비정상 구조가 오랫동안 고착화되어 하루아침에 바뀔 시스템이 결코 아니지만, 이에 대한 심각성조차 인식하지 못한다면 대단히 큰 문제가 아닐 수 없다.

상향식의 선진국 건설공사

외국의 수주 및 시공 행태는 우리나라와 다르다. 정반대라고 보는 것이 맞겠다. 가격경쟁을 기본으로 하고 있지만 건설업체는 시공 가능한 금액으로 입찰한다. 노임과 같은 직접공사비를 깎아서 수주하면 그만큼 손실을 보기 때문이다. 미국은 적정임금제를 통해 건설노동자 노임이 깎여나가는 것을 차단하고, 서유럽의 경우에는 산별노조에 의한 단체협약을 통해 적정한 수준의 임금이 지켜지고 있다. 때문에 건설업체는 강제화된 노임을 반영해 입찰금액을 산정할 수밖에 없다.

선진국은 수주공사의 주요 공정 수행을 위해서 건설노동자를 직접 고용하고 장비도 직접 보유한다. 직접시공을 당연시하고 있는 것이다. 그래야만 다시 유사 공사의 수주 기회가 높아진다. 시공실적 뿐만 아니라 해당 공사를 수행한 기술자와 건설노동자, 장비를 보유했는지가 시공자 선정을 위한 중요한 평가기준으로 적용되기 때문이다. 우리나라처럼 여러 업체로 나눠서 전부 하도급하는 것은 허용되지 않는다. 건설공사는 복합 공종으로 이루어져 있으므로 특수 공종이나 전문 공종에 대해서는 하도급에 의존할 수밖에 없는데, 이에 대해서는 반드시 발주자의 서면 승인을 요건으로 하고 있다. 반면 우리나라는 하도급 적정성 심사만 할 뿐이고, 발주자의 하도급 서면 승인을 얻어야 한다는 규정은 없다. 선진국은 직접시공과 하도급 제한규정을 마련하여 원도급자의 저가낙찰이 하도급업체로 전가되지 못하게 하였다. 아울러 노무비도 단체협약이나 적정임금을 반영해 입찰하므로, 정상적 입·낙찰 구조에서는 노무비 삭감이 발생하지 않는다.

위와 같이 실제 발생되는 비용에 근거해 입찰금액을 산정하고, 그에 따라 시공이 이루어지므로 상향식이라 할 수 있다. 상향식에서는 건설노동자의 임금을 적정수준으로 유지할 수 있게 하므로 건설업종이 질 나쁜 일자리 분야로 추락하지 않는다. 선진국에서 직접 시공을 원칙으로 하는 상향식을 당연시하는 이유는 품질향상 및 안전사고 감소 등의 장점이 있기 때문이다.

시공 분야에 집착하는 대형 건설업체

국내 1위 건설업체인 삼성건설은 두바이의 버즈칼리프 건설을 자사의 홍보 내용으로도 적극 활용하고 있다. 하지만 삼성건설이 시공의 중요한 역할을 한 것은 사실이라고 해도, 전체 60여 개 시공업체 중 하나일 뿐이다. 관심 있는 건설업계 관계자들이라면 버즈칼리프 사업의 실질적인 역할은 사업관리, 일명 CM(Construction Management) 업무를 맡은 미국 터너사가 했다고 생각할 것이다. 이러한 사업관리 업무는 시공업무와 비교하여 리스크는 거의 없는 반면 막대한 수익을 낼 수 있다. 삼성건설은 세계 최고층의 시공 실적은 건졌지만 이익은 남기지 못했다는 후문이다. 버즈칼리프 또한 글로벌 금융위기의 충격으로 디폴트(채무불이행)를 선언한 것을 보면, 결국 터너가 버즈칼리프 사업의 진정한 승자인 셈이다. 최근 완공을 눈앞에 두고 있는 제2롯데월드의 중요 설계를 모두 선진 외국업체에서 수행한 것도 우리로서는 아쉬운 부분이다.

우리는 건설산업에서 고부가가치로 꼽히는 분야를 엔지니어링 분야라고 말한다. 선진국은 일찌감치 소프트웨어인 엔지니어링에 대한 능력을 키워 세계시장을 잠식하고 있다. 우리나라 또한 각종 리스크가 즐비한 하드웨어 분야인 시공에서 엔지니어링 분야로 넓혀가야 한다고 말한다. 그런데 우리나라의 이름 있는 건설업체들은 고부가가치 분야인 설계나 CM 등의 엔지니어링 분야로 사업을 확장하지 않는다. 우리나라 대형 건설업체들이 왜 시공 분야에만 집착하는지를 짚어보지 않을 수 없다. 엔지니어링 분야를 고부가가치 분야라고 말만 할 뿐, 정작 엔지니어링 분야로 핵심역량을 이동시키지 않는 이유는 뭘까. 단언컨대 우리나라 건설시장에서는 여전히 시공 분야가 대세로 자리 잡을 수밖에 없는 비정상적인 구조 때문일 것이다. 엔지니어링 분야보다 시공 분야에서 여전히 높은 수익을 강구할 수 있고, 이마저도 하도급방식을 통해 쉽게 달성할 수 있기 때문이 아닐까라고 그 이유를 나름대로 짐작해본다. 실질적으로는 비자금 조성의 편의성, 고분양가를 통한 폭리, 무엇보다 공공공사의 높은 수익성 등이 언급될 수 있겠으나, 건설산업을 더욱 부정적으로 인식할 가능성이 있으니 굳이 이 논의로까지 확장하지는 않겠다.

100억 원 이상 중대형 공사를 위주로 직접시공제가 강제화된다면, 대형 건설업체는 지금까지 그래왔듯이 쉽게 수익을 얻기가 어려워질 것으로 예상된다. 직접시공제에서는 일용직이라도 직접 고용계약을 체결해야 하고, 원도급업체가 직접 노무관리를 수행해야 한다. 지금까지 하도급을 통해 손쉽게 이익을 달성하기가 만만치 않을 것이므로, 건설업 유지를 심각하게 고심할 것으로 판단된다. 시공 분야에서 수익창출이 여의치 않으면, 대형 건설업체들은 비로소 엔지니어링 분야로 눈길을 돌리게 될 것이다.

건설 대기업, 고부가가치 분야인 엔지니어링으로 이동해야

정부나 전문가의 말대로 엔지니어링 분야가 고부가가치로서 지향해야 할 분야라면, 우리나라 건설 대기업도 이미 상당 수준 엔지니어링 분야로 시장을 넓혔어야 한다. 하지만 정작 우리나라 건설업체는 시공 분야 위주로 몸집을 키워왔고, 엔지니어링 업체는 형식상 파트너일 뿐 실질적으로는 시공 업체의 하도급으로 전락되어왔다. 일부 건설 대기업에서는 외국처럼 설계와 시공을 같이 참여하지 못하게 하는 규제를 없애야 한다며 설계 분야를 넘보고 있다. 하지만 여전히 시공 분야에서 많은 혜택을 누릴 수 있다 보니, 시공 분야에 대한 미련을 버리지 못한다고 보는 것이 타당하다. 시공 분야에서 얻는 이득이 상당한데도 영리법인이 이를 포기하고 엔지니어링 분야로 옮겨갈 가능성은 없다. 그것이 기업의 생리다. 물론 엔지니어링 분야가 활성화되지 못하는 여러 이유가 있겠지만, 시공 위주의 제도 및 정책이 큰 몫을 차지하는 것은 부인하지 못할 것이다.

정부의 정책보고서 대부분에는 해당 사안에 대한 원인 분석이 거의 빠져 있다. 특히 건설산업 분야는 치밀한 원인 분석이 포함된 보고서를 거의 본 적이 없다. 적확한 원인 분석이 없는데, 어찌 제대로 된 정책이 나올 수 있을까.

상책은 아니지만 건설 대기업을 고부가가치 분야인 엔지니어링 분야로 이동시키기 위해서는, 시공 분야에서 얻어낼 것이 많지 않다는 점을 각인시키는 것 이외에는 달리 방법이 없다. 기술개발과 원가절감 노력을 통해서만 이득을 얻을 수 있게 만들어야 한다는 것이다. 지금처럼 단지 수주만 하고서도 하도급을 통해 쉽게 이득을 챙겨갈 수 있는 비정상 구조를 시급히 고쳐야 한다. 건설산업 정상화를 위해서 건설공사의 수주·시공방식을 둘러싼 직접시공 의무제와 적정임금 법제화를 더 이상 늦춰서는 안 된다. 만약 직접시공 의무제와 적정임금 법제화로 국내 건설시장에서 건설업을 유지하기 어렵다는 건설업체가 있다면, 이들을 하루빨리 건설시장에서 퇴출되도록 해야 한다. 이것이 국가의 임무다. 만약 이를 추진할 전문가가 없다면, 고액 연봉을 줘서라도 스카우트해서 정상화를 서둘러야 한다. 저가의 외국인 노동자를 고용하는 것만이 능사가 아님을 더 늦기 전에 명심해야 한다.

비정상의 정상화를 위하여

모든 산업이 그러하겠지만, 요즘 건설현장은 생산성에 대한 고민이 특히 많다. 건설노동자의 생산성이 예전만 못하기 때문이다. 생산성은 숙련도와 관련이 있다. 입장을 바꿔놓고 생각해보자. 고용불안정, 저임금과 낮은 수입, 위험한 작업, 사회적 천시, 사회적 무관심 등의 노가다판에서 누가 혼을 담아 일을 하겠는가. 오히려 그런 사람일수록 이용당하는 것이 현실이다. 그런데 아무도 '왜'라고 묻지도 않고, 원인이 무엇인지 알려고도 하지 않았다. 솔직히 실태조사라도 제대로 하고 있는지도 의문이다.

이 책을 써야겠다고 생각한 것은 2015년 중순경이었다. 첫 노가다 현장에서 모셨던 현장소장님과의 이런저런 대화에서 시작되었다. 하고 싶은 말이 있으면, 설령 독자가 단 한 사람일지라도 생각을 잘 정리해서 사람들에게 내놓는 것이 중요하다는 조언이었다. 나름

결심을 굳히고 나자 뜻이 있는 곳에 길이 있다고, 책에 담고자 하는 단편적인 사실들이 적절한 순간마다 눈에 띄었다. 초고에 대하여 몇몇 지인들에게 글 흐름과 내용에 대하여 의견을 구했다. 판매를 먼저 걱정해주었지만, 내용의 깊이와 고민을 느낄 수 있었다면서 두터운 격려를 해주었다. 이런 종류의 주장과 대안을 담은 책이 없을 것이라는 칭찬(?)을 받기도 했다.

나는 종합건설업체에서 기술직으로 사회경험을 시작했다. 짧고 어설프지만 소중한 해외경험이 있었다. 아무리 신참이었지만 만만치 않다는 것을 확실히 느낄 수 있었다. 국내현장에서는 하도급업체에 대한 하도급대금 확정으로 여러 번 실랑이를 하였고, 설계변경을 받지 못하는 추가공사에 대하여 설계변경을 받아내겠다는 거짓(?) 약속을 하고서 본사로부터 하도급대금 지급 품의를 받은 적도 있었다.

그 뒤 법무법인에 소속되어 하도급업체의 분쟁 관련 업무를 다수 담당하였다. 하도급에서 이루어지는 사안들은 원도급업체 직원 입장에서 보는 것과는 확연히 다른 느낌이었다. 그러면서 우리나라 계약 관련 법규에 상당한 맹점이 있음을 조금씩 인식하게 되었다. 짧지만 전문건설업체에서 직접 근무도 하였다. 하도급업체 임직원들의 업무 행태를 당사자로서 직접 경험한 것이었다. 외부에서 지원할 때와는 또 다른 느낌이었다. 시쳇말로 공기가 달랐다. 지나서 생각해보니, 우리나라 건설산업이 안고 있는 생산구조 문제를 직접 피부로 느낄 수 있었던 가장 소중한 시간이 아니었나 싶다.

사업부서는 아니지만 지방자치단체 계약직공무원으로 근무도 하였다. 공직자들의 업무 행태를 가까이서 볼 수 있는 기회였다. 짧지만 소중한 경험이 아닐 수 없었다. 근무했던 부서의 공직자들은 직접 문서를 생산해야 하므로 한가하지 않았다. 이와 달리 대부분의 다른 부서는 잦은 회의에 수시로 보고를 받거나 보고를 하는 것이 업무의 대부분이었다. 부서별로 업무방식이 많이 달랐지만, 대부분은 상당히 바쁘게 뭔가를 하고 있었다.

건설노조로부터는 건설노동자에 대한 실태조사 용역을 수행하면서, 건설노동에 대해서 좀 더 구체적으로 이해할 수 있는 기회를 얻었다. 피상적으로만 생각해온 건설노동자의 삶을 적게나마 직접적으로 느껴볼 수 있게 되었다.

내세울 것 없는 초라한 경험들을 여기에 다소 장황하게 쓰는 이유가 있다. 우리나라 건설산업의 상·중·하 집단 모두를 경험하면서 스스로 '왜'라는 질문을 갖게 되었기 때문이다. 사람 위에 사람 있고, 사람 밑에 사람 있는 곳이 건설 분야다. 구시대적 계급사회다. 왜 이렇게 되었는지가 매우 궁금해졌다. 원인을 알아야 대책을 강구할 수 있는 것이다. 크지는 않지만 생생한 경험들이 있으니, 작은 대안이라도 자신감이 생겼다.

결론은 '직접시공제'였다. 다른 여러 가지 대책들을 생각해보았지만, 고착화된 하도급 생산구조를 뜯어 고치지 않고서는 근본적으로 해결될 수 없다는 결론에 다다른 것이다. 직접시공제는 비정상의 정상화를 위한 최고 방안이다. 직접시공제는 시민단체가 꾸준히 주장해온 것이었지만, 그때까지도 구체성은 낮았다. 혼자서 '왜'라는 질문과 대책에 대한 구체성을 쌓아가면서 직접시공제가 매우 어려운 사안임을 점점 더 실감하게 되었다. 무언가 커다란 벽이 가로막고 서서 꿈쩍하지 않을 것 같은 그런 기분이랄까. 이는 우리나라 건설산업의 구조적 문제가 얼마나 심각한지를 설명한다. 그렇기 때문에 직접시공제 정상화가 곧 건설산업 정상화를 의미한다는 확신이 더욱 커졌다.

적정임금이 무엇인지를 고민해보았다. 최저임금, 생활임금, 공정임금, 적정임금 등 다양한 용어들이 나온다. 여러 용어들 중에서 작업여건과 숙련도를 고려한 것은 적정임금이 유일하다고 생각한다. 건설현장은 3D 직종으로 일반적 수준의 임금으로는 내국인을 유인하지 못한다. 우리는 이걸 똑똑히 보고 있다. 현실이 이것을 증명해주었다. 적정임금을 살펴보다 대한민국 헌법 제32조가 국가의 적정임금 보장 노력을 명시하였음을 알게 되었다. 임금지급 가이드라인이 도입되어야 할 필요성을 일본의 (실패) 사례에서 찾은 것 또한 수확이었다. 일본 정부가 설계노무단가를 대폭 인상하였으나, 정작 건설노동자의 임금은 제자리였고 오히려 종합건설업체의 이익률만 높아지는 데 그쳤던 것이다.

직접시공과 적정임금을 논하면 업계가 겪고 있는 어려움이 터져나온다. 영리법인이자 이익단체로서 당연한 반응으로 생각한다. 때문에 정책관료와 정치인들이 제대로 된 정책과 제도를 생산하는 것이 절실하지 않을 수 없다. 국민과 절대다수인 건설노동자가 정책의 대상이자 중심이 되어야 한다. 그것이 선진국이다. 대형 건설업체들은 직접시공을 많이 우려한다. 이는 시공에 계속 머물겠다는 의지와 다르지 않다. 아직도 시공 분야에 먹을 것이 많으니, 대형 업체들이 시공 분야를 떠날 이유가 생기지 않는다. 턴키도 실제로는 시공 분야 중심으로 운영되고 있다. 이제는 선진국처럼 CM, PM, 설계 등 고부가가치 엔지니어링 분야로 체질을 바꿔야 한다.

이 책은 서평을 받지 않았다. 떠오르는 분들이 없진 않았지만 굳이 그렇게 하지 않았다. 유명세를 동원하는 것이 썩 달갑지 않기도 했었다. 누군가에게 부탁해야 하는 것을 싫어하는 성격 때문인지도 모르겠다.

시간이 상당히 걸렸지만 이렇게 마무리할 수 있어서 매우 다행스럽다. 없는 실력으로 나름 상당한 시간과 노력을 투자하였고, 무언가 큰 숙제를 끝낸 느낌 때문이라고나 할까. 사실 무슨 소명의식 같은 것으로 이 책을 쓴 것은 아니다. 단 한 번도 그런 생각을 가진 적이 없었다. 그럼에도 이 책을 계기로 건설산업이 정상화되고, 건설 노동자를 보호하는 튼튼한 제도적 장치가 마련되기를 기대해본다. 기초가 튼튼해야 이를 토대로 뼈대와 지붕을 올릴 수 있지 않겠는가. 우리나라 건설산업은 공공 분야, 민자사업, 민간 분야 등에 개혁해야 할 대상들이 널려 있다. 작금의 위기가 어디서부터 시작되었는지를 곰곰이 생각해야 한다. 이제부터라도 제대로 된 건설산업 경쟁력 확보 방안이 심층적으로 논의되기를 기대한다. 이 책이 조금이라도 그 디딤돌이 된다면 감사할 따름이다.

주요 건설용어 해설

공공공사

중앙정부, 지방자치단체 및 공기업 등에서 발주하는 건설공사를 의미한다. 예전에는 관(官)에서 공급(給)하는 공사의 의미인 관급공사라는 용어를 많이 사용하였다.

공사비 적산제도

공사비를 산정하는 방식을 말한다. 적산(積算)이란 차근차근 쌓아서(積) 계산한다(算)는 의미다. 우리나라 공사비 적산방식에는 표준품셈에 의한 원가계산방식과 표준시장단가(구 실적공사비) 방식의 두 가지가 있다. 원가계산방식은 우리나라와 일본이 사용하고 있는 방식이다.

공상처리

안전사고 발생시 산재신고를 하지 않고 일반 의료보험으로 치료를 받도록 안전사고를 처리하는 것을 공상처리라고 한다. 안전사고가 발생하면 관련 법령에 따라 산업재해 신고를 해야 하는데, 공상처리는 법령 위반행위가 된다. 공상처리는 수주 불이익과 나쁜 평판을 피하기 위해서 건설산업에 관행화되어 있는 불법행위다.

건설공사는 안전사고가 많이 발생하면 공공공사 입찰에서 감점을 부과하는데, 이를 일명 '재해율감점제'라고 하며 최대 (-)2점이다. 재해율이 높으면 공공공사 수주 가능성이 낮아지므로, 원도급건설업체들은 재해율을 낮추기 위하여 다방면의 노력을 한다. 정부는 공상처리를 예방하기 위하여, 2006년부터 '재해율감점제'를 폐지하고 산재은폐에 대해서만 책임을 지우겠다는 '산재은폐율' 제도를 도입했다.

공종

공사(工)의 종류(種)를 줄인 표현이다. 공사비 내역서에는 대공종, 중공종 및 세부공종 등으로 구분하여 사용되고 있다.

구상금

다른 사람을 대신하여 변제한 채권을 갖게 되는 상환 청구금액이다. 구상금을 회수하기 위해서는 구상금 청구소송을 제기하는 경우가 일반적이다.

균형가격

우리나라는 2016년부터 300억 원 이상 공사에 대하여 종합심사낙찰제 방식을 도입하였다. 종합심사낙찰제 평가항목 중 입찰금액을 평가하기 위한 기준으로서 균형가격이라는 개념을 만들었다. 균형가격은 예정가격의 70% 미만 입찰금액을 제외한 입찰금액 중에서, 상위 40% 및 하위 20%를 제외한 입찰금액을 산술평균한 금액이다. 참고로 종합심사낙찰제는 기존 최저가낙찰제를 대체하기 위하여 도입된 낙찰자 결정방식이다.

기성액

완성된 공사량에 대하여 발주자가 지급하는 공사금액이다.

돌관공사

당초 예정과 달리 공사일정을 촉진(Acceleration)시켜 작업하는 공사를 말한다. 돌관공사에 소요되는 비용을 '돌관공사비'로 표현하며, 계약적으로는 '공정촉진비용'이라고 한다. 참고로 돌관(突貫)이란 말은 일본군이 썼던 말이며, 총에 칼을 꽂고 적진에 쳐들어가는 동작, 즉 앞도 뒤도 보지 않고 일직선으로 쳐들어가는 동작에서 나온 말이다.

부상만인율

노동자 1만 명당 업무상 부상자 수를 말한다.

사망만인율

노동자 1만 명당 사고사망자 수를 말한다.

시중노임단가

대한건설협회가 연 2회 조사, 발표하는 건설현장 평균임금으로, 공사비 중 노무비 산정기준으로 활용되고 있다. 매년 1월 1일과 9월 1일 2회에 걸쳐 공표되고 있다.

실적공사비

영어로 'Historical Cost Data'라고 하며, 건설업체들의 계약단가를 DB화하여 산정한 개별 공사단가를 말한다. 실적공사비는 도급계약단가이므로 실제 공사비 비용과 비슷하며, 대부분의 국가에서 사용하는 공사비 적산방식이다.

안전관리비율

건설공사에서 안전관리를 위하여 책정하는 비용이 안전관리비이고, 안전관리비가 공사비에서 차지하는 비율이 안전관리비율이다. 설계상 안전관리비율은 직접노무비의 약 2% 정도 적용되고 있다. 하도급계약에 대한 안전관리비율은 원도급업체마다 규정이 상이하나, 일반적으로 하도급계약 직접공사비의 약 0.5% 정도가 책정되고 있다. 하도급은 직접노무비를 별도로 분리하지 않고 있으므로, 직접공사비를 기준으로 비율을 산정한다.

어닝 쇼크(Earning Shock)

기업이 실적을 발표할 때 시장에서 예상했던 것보다 저조한 실적을 발표하는 것으로, 실적이 시장 예상치보다 훨씬 저조하여 주가에 충격을 준다는 의미에서 붙여진 용어이다.

반대 개념으로 시장 예상치를 뛰어넘는 '기대 이상의 실적'을 의미하는 어닝 서프라이즈(Earning Surprise)가 있다.

운찰제

운(運)에 따라 공사를 낙찰받는다는 의미로 사용되고 있는 용어다. 계약적 용어는 아니지만 건설관련 전문가들이 우리나라 공공공사 낙찰 행태를 비꼬아 사용하고 있다. 우리나라 공공공사는 일명 '낙찰하한율'이란 방식을 적용하고 있으며, 이 하한율 직상(直上)에 가장 근접한 업체가 낙찰자가 된다. 이러한 낙찰하한율을 맞추는 것이 실력보다는 운에 좌우되는 현상 때문에 생겨난 용어다.

원도급업체

발주자로부터 직접 공사를 수주받는 업체를 통칭하는 말로서, 일반적으로 종합건설업체가 해당된다.

입찰브로커

입찰받은 공사에 대한 시공이나 관리를 전혀 하지 않고, 수주한 공사 모두를 하도급업체에 시공을 맡기고 일정한 차액만 이득으로 챙기는 업체를 말한다. 입찰만 수행하고 공사를 직접 수행할 조직이 없으므로 페이퍼 컴퍼니라고도 불린다.

적정공사비

적정한 공사비를 줄인 말이다. 적정공사비는 최저가낙찰제 등으로 업체의 수익성이 낮아지자, 일정 수준 이상의 공사를 확보받기 위하여 건설업계로부터 제안된 추상적인 개념이다. 어느 정도가 적정한가에 대한 논쟁이 있으며, 업계에서는 종합심사낙찰제의 입찰금액 평가기준인 균형가격을 적정가격으로 받아들인 것으로 판단된다.

적정임금

적정한 수준의 임금을 의미하는 추상적인 개념이다. 적정임금은 대한민국 헌법 제32조에 명시되어 있는 용어이나, 이를 구체화한 법률은 아직 없는 상태이다. 최근 법률개정안은 건설현장의 평균임금을 적정임금으로 정의하면서, 이러한 적정임금을 임금하한으로 설정토록 하겠다는 내용을 담고 있다. 영문 헌법에서는 적정임금을 'Opimum Wage'로 표현하고 있다. 2015년도 건설노조 설문조사 결과, 건설노동자는 현재보다 1.4배 정도 되는 수준을 적정한 임금으로 볼 수 있다고 응답하였다.

　　건설노동자의 적정임금 보장 요구에 대하여 건설업계는 적정공사비 확보가 우선되어야 적정임금 보장이 가능하다고 주장하고 있다.

주계약자방식

원래 명칭은 주계약자관리방식이고, 공동도급방식 중 하나다. 종합건설업체는 주(主)계약자로, 전문건설업체는 부(副)계약자로 컨소시엄을 구성하여 입찰에 참여하는 방식이다. 하도급으로만 공사를 수주하는 전문건설업체가 원도급자 지위를 얻을 수 있기 때문에, 전문건설업체에서는 지속적인 확대를 요구하고 있다. 반면, 종합건설업체는 도입 및 확대를 적극 반대하고 있다.

최저가낙찰제

공공공사에서 거의 유일하게 가격경쟁이 이루어지는 낙찰자 결정방식으로, 건설업계의 반대로 2016년에 폐지되었다. 용어 자체로만 본다면 최저가(Lowest)로 입찰한 업체가 낙찰자가 되는 것으로 이해할 수 있을 것이다. 하지만 우리나라는 저가심의제로 인하여 가장 낮게 입찰한 자가 낙찰을 받지 못한다. 때문에 '최저가낙찰제마저 운찰제로 전락되었다'는 말이 나돌았다.

칸막이식 업역규제

건설업체의 영업범위를 종합건설과 전문건설이라는 업역으로 엄격히 구분한 것을 비판하여 나온 말이다. 상대방 업역을 침범하지 못하게 만들었다고 해서 규제로 인식되고 있다. 칸막이식 업역규제는 우리나라에만 존재하는데, 법률로서 건설업체의 영업범위를 구분해놓은 나라는 우리나라가 유일하다.

탕뛰기

건설현장에서 덤프트럭의 운반 횟수에 따라 대금을 지급하는 방식을 비하하여 사용하는 용어다. 1회 운반을 '한 탕'이라고 표현하는데, 운반 횟수가 많을수록 돈을 많이 벌 수 있으므로 '탕수'를 올리기 위하여 과적, 과속, 위험운전을 하게 만든다. 탕뛰기 방식은 일한 만큼만 대가를 지불하는 도급방식으로서, 〈건설산업기본법〉상 불법에 해당된다.

턴키(T/K)

열쇠를 넘겨주거나 열쇠를 돌린다는 영어식 표현인 'Turn Key' 방식을 의미하며, 우리나라에서는 '설계시공 일괄방식'을 간편하게 줄여서 턴키라는 표현을 사용한다. 설계시공 일괄방식은 1개의 컨소시엄이 설계와 시공을 동시에 이행하는 것으로, 설계와 시공을 분리하는 발주방식과 구분된다. 참고로 턴키방식은 미국에서 시행된 발주방식으로, 우리나라 설계시공 일괄방식보다 계약적 범위가 훨씬 넓다. 우리나라 턴키 공사는 입찰담합과 대형 업체 위주의 수주독식으로 비난의 대상이 되고 있다.

퇴직공제부금

일용 건설노동자가 작업 시 매 1일마다 4,000원씩 퇴직금 명목으로 적립되는 금액이다. 1998년부터 시행되기 시작했고, 현재 3억 원 이상 공공공사와 100억 원 이상 민간공사가 의무가입 대상 사업장이다. 퇴직공제부금 수령요건은 일용 건설노동자가 건설현장을 그만두거나 60세를 넘어야 한다.

표준품셈

품셈은 '어떤 일에 필요한 일꾼을 세는 단위'라는 의미의 '품'과 '수를 세는 일'이라는 '셈'의 합성어로 이해된다. 건설공사에서 어떤 일을 할 때 소요되는 직종별 인원수와 자재 수량을 표준적 수치로 정해놓은 것이라 하여, 표준품셈이라는 명칭을 만든 것으로 보인다. 표준품셈은 일본의 보괘(歩掛, 부각가리)와 유사한 것으로 1970년부터 시행되었고, 지금은 한국건설기술연구원에서 관리하고 있다. 표준품셈을 사용하여 공사비를 산정하는 방식을 원가계산방식이라 하며, 우리나라와 일본에서만 사용하고 있다. 외국에서는 실적공사비 방식을 사용한다.

하도급업체

종합건설업체로부터 공사 일부분을 하도급받는 업체를 통칭하는 말로서, 일반적으로 전문건설업체가 이에 해당한다.

하도급 적정성 심사

하도급 계약금액이 지나치게 낮아지는 것을 방지하기 위하여 마련해놓은 제도다. 하도급금액이 원도급금액과 대비하여 82% 미만이거나, 예정가격의 60% 미만인 경우에는 하도급 계약 내용이 적정한지를 심사하도록 규정해놓았다. 심사기준 점수가 일정 점수(현행 90점) 이하일 때는 하도급 계약 내용의 변경을 요구할 수 있다.

정의로운
건설을
말하다

1판 1쇄 인쇄 2016년 12월 15일
1판 1쇄 발행 2016년 12월 26일

지은이 신영철
펴낸이 최준석

펴낸 곳 한스컨텐츠㈜
주소 서울시 마포구 동교로 136, 401호
전화 02-322-7970 팩스 02-322-0058
출판신고번호 제313-2004-000096호 신고일자 2004년 4월 21일

ISBN 978-89-92008-66-2 (03530)

이 도서의 국립중앙도서관 출판예정도서목록(CIP)은 서지정보유통지원시스템 홈페이지(http://
seoji.nl.go.kr)와 국가자료공동목록시스템(http://www.nl.go.kr/kolisnet)에서 이용하실 수 있습
니다. (CIP제어번호 : CIP2016029953)